HISTOIRE

NATURELLE ET MÉDICALE

DES SANGSUES,

HISTOIRE

NATURELLE ET MÉDICALE

DES SANGSUES,

contenant

LA DESCRIPTION ANATOMIQUE DES ORGANES DE LA SANGSUE OFFICINALE, AVEC DES CONSIDÉRATIONS PHYSIOLOGIQUES SUR CES ORGANES ; DES NOTIONS TRÈS-ÉTENDUES SUR LA CONSERVATION DOMESTIQUE DE CE VER, SA REPRODUCTION , SES MALADIES, SON APPLICATION , etc.

Par J.-L. DERHEIMS,

Ex-Élève de la Faculté des Sciences de l'Académie de Paris, du Collége de Pharmacie de la même ville ; Pharmacien, Chimiste ; Membre de plusieurs Sociétés de Médecine et de Pharmacie ; Membre correspondant des Sociétés royale académique des Sciences d'Arras, pour l'encouragement des lettres et des arts ; d'Agriculture, de Commerce, des Arts de Calais ; d'Agriculture, des Arts de Boulogne, etc.

AVEC SIX PLANCHES.

A PARIS,

CHEZ J.-B. BAILLIÈRE , LIBRAIRE,

RUE DE L'ÉCOLE-DE-MÉDECINE , N° 17.

—

1825.

DE L'IMPRIMERIE DE FEUGUERAY,
RUE DU CLOÎTRE SAINT-BENOÎT, N° 4.

A MON FRÈRE

FRANÇOIS DERHEIMS,

INGÉNIEUR MARITIME ET EN MÉCANIQUE,

CONSTRUCTEUR EN CHEF ET INSPECTEUR DES
BATIMENS A VAPEUR DU RHÔNE, etc.

J'avais à dédier cet ouvrage à l'ami sincère comme à l'ami des sciences, et c'est à toi que je l'ai offert. Puisse ce faible hommage de ton jeune frère te prouver combien il t'aime.

J. L. DERHEIMS.

AVERTISSEMENT.

———

Histoire naturelle et médicale des
Sangsues : tel est le titre de l'ouvrage
que nous publions dans le moment
où une doctrine savante vient préco-
niser cet annélide, en s'élevant sur les
observations de l'immortel Bichat. Dans
cet ouvrage, nous n'avons eu en vue
de décréditer, ni l'emploi des sangsues,
ni celui des substances médicamenteuses;
il serait paradoxal de le faire. Le phi-
losophe sait trop qu'une application scientifique des unes et des autres ne contribue qu'à réprimer la plupart des maux,
souvent terribles, auxquels l'homme est
assujetti depuis le jour de sa naissance

jusqu'à l'apogée de sa vie. Ainsi nous prévenons notre lecteur que nous n'avons pas même, par une adroite paralipse, laissé entrevoir l'ombre des opinions qui se sont formées à cet égard.

La satisfaction que la Société de Pharmacie de Paris a manifestée à la lecture d'un de mes opuscules, qui a pour titre : *Considérations physiologiques sur les Sangsues*, le rapport flatteur que les commissaires en ont fait, m'ont porté à rassembler les matériaux qui composent ce travail : puisse-t-il être accueilli avec la bienveillante indulgence que réclame toujours un jeune auteur dont les premiers travaux ont déjà été encouragés par des savans distingués !

En publiant cet essai monographique, je prie le lecteur de croire que je n'ai nullement conçu l'idée de faire penser qu'il m'appartient totalement ; au contraire, j'avoue que, pour le compléter autant que possible, j'ai puisé quelques matières dans ce qui a été récemment écrit sur les sang-sues : c'est ainsi, par exemple, que le Mémoire que M. Rayer a lu à l'Académie royale de Médecine sur le *Développement des œufs de quelques variétés ovipares du genre Hirudo*, m'a servi à faire connaître le mode de reproduction de la sangsue.

Quant à l'ordre adopté pour la nomenclature et la description des sang-sues, il a fallu que je m'attachasse à une base solide, et pour éviter la répétition de la concordance synonymique, j'ai suivi Linné. Je crois aussi devoir prévenir que je n'ai pas envisagé la sangsue comme dépourvue de branchies, et que, par conséquent, je la considère comme un ver endobranche.

Enfin, en terminant cet avertissement, il est autant de mon devoir que de ma gratitude de faire connaître que M. Rayer, que j'ai déjà cité, m'a personnellement communiqué la plupart des observations qui seront consignées dans la partie de cet ouvrage relative aux maladies des sangsues.

HISTOIRE

NATURELLE ET MÉDICALE

DES SANGSUES.

D'APRÈS l'ordre zoologique adopté par M. Duméril, la sixième classe du règne animal se compose d'êtres auxquels on a donné le nom de *vers*. Cette classe se divise en deux groupes : le premier de ceux-ci renferme des animaux qui ont reçu la qualification de *branchiodèles*, parce que leurs organes respiratoires ou branchies sont visibles au dehors. Le second comprend les vers qui ne laissent apercevoir extérieurement aucun système de respiration, et auxquels, par cette raison, l'on a assigné le titre d'*endobranches*. C'est dans cette division qu'est placée la sangsue, ver considéré comme aquatique, qui fait l'objet de ce travail, et dont nous allons donner l'exposé des différentes espèces de ce genre que Linné a décrites.

1°. Sangsue officinale, *Hirudo officinalis;*

2°. Sangsue noire, *Hirudo sanguisuga;*

3°. Sangsue vulgaire, *Hirudo octoculata;*

4°. Sangsue aplatie, *Hirudo complanata;*

5°. Sangsue des étangs, *Hirudo stagnorum;*

6°. Sangsue géomètre, *Hirudo geometra;*

7°. Sangsue swampine, *Hirudo swampina;*

8°. Sangsue muriquée, *Hirudo muricata;*

9°. Sangsue alpine, *Hirudo alpina.*

On connaît encore plusieurs autres espèces de sangsues, telles que la sangsue tachetée, de Ceylan, jaune pointillé de rouge, du Japon; celle du Nil. Rondelet cite une sangsue qui vit dans la fange des eaux stagnantes et qui, selon lui, est très-vénéneuse. La partie postérieure de cet animal est fort large, et sa peau est tellement dure qu'il est contraint à ne faire que de petits mouvemens. Il y a aussi une sangsue de mer (*hirudo marina acus cauda utriusque pennata*). Cette espèce vit en plein Océan, par peuplades considérables; elle s'attache particulièrement, suivant quelques naturalistes, à une espèce de squale nommée espadon ou poisson-scie, qui, d'après de savans ichthyologistes, est le plus sanguin de tous les poissons. Il faut supposer une propriété dynamique très-prononcée dans les organes de cette sangsue qui servent à percer la peau ; car, comme on le sait, l'enveloppe cutanée de la plupart des squales est rude et comme osseuse.

Nous commencerons par décrire la sangsue officinale sous le rapport de son histoire naturelle et de sa physiologie; nous tâcherons, autant que possible, de la différencier des espèces avec lesquelles elle a physiquement quelqu'analogie; nous donnerons avec soin la description des sangsues aujourd'hui répandues dans le commerce. Quant aux espèces moins connues, n'étant point le sujet principal de notre ouvrage, il n'en sera fait que des descriptions fort sommaires.

De la Sangsue officinale (Hirudo officinalis).

Ce ver endobranche est d'une forme qui peut être considérée sous deux états différens : quand l'animal se contracte, il présente un corps presque ovoïde; quand il s'allonge, ce même corps est aplati très-sensiblement, et quand il est parvenu au summum de son allongement, ce n'est plus qu'un vrai tube arrondi qui permet difficilement de distinguer la tête de l'animal d'avec sa partie postérieure. La sangsue officinale a le dos noirâtre, rayé de jaune, le ventre jaunâtre, tacheté de noir. Ces deux parties sont très-saillantes; la première est presque plane, la seconde convexe. Chaque extrémité de la sangsue est munie d'une ventouse ou disque dont nous examinerons les fonctions différentes que chacun d'eux est appelé en particulier à remplir. Enfin, considéré dans son entier, cet animal est un tube allongeable et protractile, formé par la réunion d'anneaux engaînés dans une enveloppe générale tapissée d'une matière muqueuse, qui pourrait bien être une matière particulière, propre à la sangsue.

Cette espèce de sangsue habite tantôt les eaux vives, tantôt les mares. C'est dans cellesci qu'elles vivent en nombre excessivement grand, ce qui, conjointement avec le mode de reproduction de ces animaux aujourd'hui connu, porte assez à faire croire que la nature n'a point assigné à cette espèce de vivre dans les eaux courantes, et que ce n'est que par accident qu'elle se rencontre dans les rivières ou les fossés d'eau courante.

Quoique ces animaux portent le nom de **vers** aquatiques, l'eau ne peut pas être considérée comme l'agent essentiel de leur existence ; ils vivent très-long-temps dans la terre humide ou dans la mousse imprégnée d'eau ; il est même à remarquer que lorsqu'ils sont privés de cette terre, leurs facultés décroissent et qu'ils périssent assez souvent, d'où nous pouvons inférer que l'eau ne sert qu'à entretenir la souplesse des organes locomoteurs de la sangsue, en

maintenant la consistance de la matière muqueuse qui la recouvre (1).

Les sangsues officinales se rencontrent bien
rarement avec les autres espèces : cependant la
sangsue noire se trouve fort souvent avec celles-
ci, mais en bien petit nombre. L'une et l'autre
espèce, en quittant les ruisseaux ou les mares,
se promènent dans les prairies, sur le gazon
humide et même dans les endroits pierreux :
là elles attaquent les animaux qui paissent et
qui se couchent sur l'herbe. Elles s'attachent
aux mamelons et aux lèvres de la vache, aux
parties génitales du cheval, bien que ce robuste
quadrupède ait une peau très-épaisse, et par
cette raison difficile à percer. C'est surtout
quand le soleil est couché qu'elles se glissent
dans le pré humide pour chercher leur nourriture. A cette occasion, nous dirons que les
sangsues noires (*hirudines sanguisugæ*) sont
moins sujettes à piquer les animaux, ce qui
tient sans doute à la puissance de leurs dents,
qui doit être présumée moindre que celle des
dents de la sangsue officinale.

---

(1) C'est cette matière qui, absorbant, ou l'oxigène
de l'air atmosphérique, où l'oxigène de l'air interposé
dans l'eau, forme les mucosités contractées dont nous
parlerons par la suite.

Le sang rouge des animaux à sang chaud n'est pas le seul qui serve d'aliment à la sangsue; elle suce aussi le sang des animaux dits à sang froid et blanc, et j'ai vu, en étudiant leurs mœurs sur les lieux mêmes qui leur sont naturels, des crapauds auxquels de petites sangsues s'étaient attachées. L'on sait aussi qu'elles sucent les limaçons, et enfin qu'elles s'entre-sucent elles-mêmes. Ce sont ces faits qui m'ont suscité l'hypothèse que j'ai avancée (*Journal de Pharmacie*, année 1824), que les organes de la gustation n'existent point chez la sangsue, hypothèse que nous développerons en traitant physiologiquement de cet animal.

Comment les sangsues se nourrissent-elles? Elles n'ont point de temps donné pour la préhension des alimens qui leur sont nécessaires. N'existe-t-il pas chez elles un réservoir de substance nutritive qui s'emplit à la naissance de l'animal? Ne sommes-nous pas naturellement conduits à faire cette question, quand nous voyons ces individus exister plusieurs années dans des vases de verre, sans qu'on leur présente aucun corps capable de fournir la quantité la plus minime de substance alimentaire? Est-il juste de penser enfin que les particules solides, vraiment microscopiques, qui nagent dans l'eau qui leur sert de véhicule, que ces

particules, dis-je, sont accidentellement portées à la bouche de l'animal et le nourrissent?
Nous ne répondons pas plus à cette question
qu'aux précédentes; mais nous ferons voir en
temps que l'arrangement des organes de l'in-
gestion, tel que nous croyons l'avoir aperçu,
n'est point en harmonie avec l'affirmative de
cette question.

Si toutefois nous admettons avec des naturalistes, que les mucosités qui tapissent extérieurement la plupart des vers sont les matières
des déjections, expulsées par un appareil particulier tout autre qu'un anus, nous serons forcés
aussi d'admettre que la sangsue se nourrit réellement de matières appropriées, et l'on ne pourra
point combattre cette seconde admission; mais
que l'on veuille bien pénétrer les choses, et
l'on verra qu'il n'y a de sangsues vraiment muqueuses que celles qui contiennent ou du sang
ou un liquide brun-jaunâtre; que ces mucosités
sont en grande quantité, particulièrement chez
ceux de ces animaux qui ont sucé beaucoup;
que les petites sangsues ne sont presque pas
muqueuses; d'où nous pouvons tirer cette induction : la sangsue a un réservoir de matière
alimentaire inné; elle peut se passer de sang
pour vivre, et ce liquide ne peut être considéré

que comme aliment supplémentaire par rapport à ce ver endobranche.

Bien loin de notre pensée que ces données ne sont point fallacieuses; nous ne les produisons pas comme rationnelles même, et nous prions le lecteur de ne les envisager que comme de simples questions.

Revenons aux mœurs de ces animaux, qui offrent vraiment des particularités assez curieuses. Il arrive quelquefois que des sangsues s'étant gorgées de sang dans les prairies, restent étendues roides et gonflées, comme nous avons l'occasion de les voir après qu'elles ont opéré la succion. Dans cet état, elles ne peuvent se mouvoir, la tension de leur corps ne leur permettant pas la moindre progression. Est-ce hasard, est-ce prévoyance de la nature? Des sangsues plus légères viennent piquer celles-ci, les sucent, les allégent, et leur permettent par cette opération de se traîner jusqu'au fossé voisin, où elles ne tardent pas à se glisser.

La nuit, les sangsues se tiennent dans la terre qui sert de lit aux étangs, aux mares ou aux rivières, mais à l'approche de l'hiver seulement : dans le printemps, l'on a remarqué qu'elles s'attachent par les deux ventouses de leurs extrémités aux tiges des végétaux aquatiques, et particulièrement à celles qui sont lisses et d'une texture serrée, où elles restent jusqu'au lever du soleil : c'est alors qu'en serpentant elles se promènent dans l'eau , et vont de part et d'autre s'introduire dans la terre ou la tourbe ambiante, où elles restent une grande partie de la journée.

Il sera toujours bien difficile d'étudier complètement les mœurs de la sangsue, comme celles de tous les vers, parce que la possibilité de les observer convenablement ne nous sera probablement jamais présentée. Nous avons bien des réservoirs qui nous permettent d'analyser les généralités de leurs habitudes ; mais ces marais factices bornent trop leur liberté en leur circonscrivant l'espace : or, la liberté chez tous les animaux est le plus grand moteur des fonctions vitales, et il n'est point que l'être pensant qui en ressente les douceurs. Quoi qu'il en soit, l'on sait que les sangsues ne se construisent pas d'enveloppes comme le font quelques vers, qu'elles n'ont pour demeure que l'eau et la terre , qu'elles sont fort sensibles aux diverses pressions atmosphériques; c'est même cette propriété qui les a fait devenir le baromètre par excellence de l'humble habitant des campagnes. Un carafon d'eau et quelques sangsues composent tout l'appareil et remplacent avec avantage le tube de Toricelly, qui, souvent préparé par des mains purement routinières, présente plutôt un meuble élégant et somptueux qu'un instrument vraiment fidèle et utile. Chacun sait, en effet, qu'à l'approche de la pluie, les sangsues occupent toujours le fond des rivières ou le fond des vases dans lesquels on les conserve (1). Ici se borne, je pense, ce que l'on peut dire des mœurs de la sangsue officinale ; peut-être les autres espèces ont-elles des habitudes plus ou moins modifiées : c'est au zoologiste qui s'occupera de ces vers d'une manière générale à remplir la lacune que nous laissons ici. Quant à nous, avant de passer à la partie anatomique de notre travail, nous allons donner une courte description des espèces de sangsues que nous n'avons fait que dénombrer, en les passant en revue dans l'ordre

---

(1) En Champagne, sur les confins de la Lorraine, auprès de Bourbonne-les-Bains, l'emploi de ces baromètres-animaux est très-répandu. C'est un bocal qui contient une couche de terre recouverte de quelques pouces d'eau, et quelques sangsues bien saines ; l'on a même porté la confiance, par rapport à ces indicateurs du beau ou du mauvais temps, jusqu'à placer dans ces bocaux une échelle en bois, graduée, destinée à faire apercevoir les différens degrés d'élévation ou d'abaissement des sangsues.

selon lequel elles sont précédemment rangées.

Sangsue noire (Hirudo sanguisuga).

Cette espèce est très-allongée, d'une couleur
noire-verdâtre, tachetée de noir très-foncé ; le
ventre en est totalement noir ; les lignes latérales sont jaunes. Cette sangsue est beaucoup
plus allongeable que la sangsue officinale,
moins contractile ; son dos est plus plan ; elle
habite les eaux stagnantes, vaseuses, et passait
naguère pour être vénéneuse, opinion que
nous réfuterons bientôt.

Sangsue vulgaire (Hirudo octoculata).

Elle est très-allongée, comprimée ; elle porte
sur la ventouse, que l'on regarde comme la
bouche, huit taches noires très-apparentes que
l'on a prises pour des yeux : de là le nom qu'on
lui a donné d'*hirudo octoculata*. Ces taches
sont des signes très-caractéristiques de cette
espèce de sangsue ; du reste, elle est d'un jaune
brun, assez commune dans les marais des parties septentrionales de la France, regardée aussi
improprement comme vénéneuse.

Sangsue aplatie (Hirudo complanata).

Celle-ci a pour caractères particuliers d'être très-large, très-aplatie ; elle a sur le dos deux rangées de tubercules que nous regardons comme des groupes crypteux ; les lignes latérales très - saillantes, parfois réfléchissant la lumière : six points sur la bouche suffisent pour la distinguer facilement de toutes les autres espèces. Elle se rencontre presque toujours avec les sangsues noires ; mais il est à observer qu'elle abandonne l'eau plus fréquemment que celles-ci.

Sangsue des Etangs (Hirudo stagnorum).

La sangsue des étangs, ou l'*hirudo stagnorum*, ressemble beaucoup à la sangsue noire et pourrait bien se confondre avec celle-ci : cependant elle est d'une couleur moins foncée ; son ventre est cendré et paraît noir quand l'animal est contracté. Les mouvemens que cette sangsue fait dans l'eau sont d'une vivacité extraordinaire, et ce qui lui est particulier, c'est qu'elle se tord quand elle change de direction : elle n'est point fort commune, et je n'en ai rencontré que fort peu dans l'énorme quantité de sangsues exposées en vente depuis quelques années sur les différens marchés de la capitale. Elle habite les eaux vives et les eaux dormantes : on la rencontre, rarement cependant, dans les marais de la Bretagne.

Sangsue géomètre (Hirudo geometra).

Cette espèce, surnommée *pisciole*, est la plus mince des espèces connues du genre *hirudo*. Elle offre plusieurs variétés dans ses couleurs; il y en a de noires, de vertes, de jaunes : ce qui peut servir de marque distinctive, c'est que, comme les autres sangsues, elle n'a pas le dos d'une couleur et l'abdomen d'une autre couleur; ces deux parties sont confondues : toutefois l'abdomen est plus plan, et peut se distinguer quand on apporte un peu d'attention à l'examen de cet animal. Nous ne savons pas ce qui a porté à lui donner la qualification de géomètre : c'est peut-être le mouvement progressif régulier et toujours en ligne droite qu'elle fait, peut-être les points presque invisibles placés à égales distances sur son dos et sur son ventre qui lui ont valu ce titre ; quant au surnom de *pisciole,* il indique assez que l'animal a quelque ressemblance au poisson. Il habite les ruisseaux où il y a peu d'eau.

Sangsue muriquée (Hirudo muricata).

Cette sangsue, que l'on trouve dans l'Océan atlantique, n'a, je crois, été décrite d'une manière satisfaisante par aucun auteur; elle n'a même été que simplement énoncée, et l'adjectif qui la qualifie ne nous permet point encore de connaître ses caractères. En effet, cette qualification vient-elle de l'adjectif latin *muricatus*, fait en forme de chaussetrape, ou timide, circonspect? Dans la première acception, nous pouvons penser que le corps de ce ver est hérissé de pointes; dans la seconde, que l'animal est lent à marcher, ou craintif, ou prudent.

Sangsue swampine (Hirudo swampina).

Espèce exotique qui habite les mares, et qui se trouve en grande quantité, suivant quelques voyageurs, dans l'Amérique méridionale : nous n'en connaissons pas les caractères.

Sangsue alpine (Hirudo alpina).

La plus petite espèce connue. Elle n'a guère que deux lignes de longueur et une de large; son dos est noirâtre; son ventre est marqué de lignes longitudinales blanches, bordées de raies noires. Vitet assure que sa morsure cause une douleur des plus vives.

Il existe peut-être encore un grand nombre de sangsues. L'on trouve dans le nord de l'É-cosse, entre autres, une espèce de ce genre, excessivement grosse, que les naturels ont appelée *horse-leach* : elle est plutôt terrestre qu'aquatique ; son corps est très-muqueux ; elle est d'un brun très-foncé sur le ventre et sur le dos, presque ronde, est lente dans ses mouvemens, attaque les chevaux. Il n'est auteur, ni français, ni anglais, qui ait parlé de cette sorte de sangsue, que je crois devoir regarder comme une variété réelle du genre *hirudo*, non décrite jusqu'à présent, et seulement connue des montagnards écossais.

Il y a quelques années, l'on n'employait en médecine que l'*hirudo officinalis* ; la rareté de cette espèce a fait secouer ce préjugé populaire, que les autres sangsues sont vénéneuses : aujourd'hui l'on se sert indistinctement des variétés *complanata* et *octoculata*, et même *sanguisuga*. Ces espèces sont répandues dans le commerce parmi les sangsues officinales, ou se vendent à des prix différens, car l'*hirudo officinalis* sera toujours préférée à juste titre, comme on le verra par l'exposé que nous ferons de la structure anatomique de ses dents

Nous croyons avoir atteint le but que nous nous étions proposé, et nous pensons que, d'après la description que nous avons donnée des différentes variétés de sangsues, on ne pourra les confondre les unes avec les autres. Revenons à ce qui se rattache à la sangsue officinale, en étalant ses organes principaux et les fonctions qu'ils remplissent.

Le corps de la sangsue, comme nous l'avons déjà dit, présente un assemblage d'anneaux membraneux que l'on a regardé comme traduisant au dehors la forme d'autant d'estomacs. L'inspection de ces anneaux nous a montré qu'ils étaient de substance demi-cartilagineuse ; leur diamètre varie en raison de leur situation, et en décroissant parallèlement du milieu du corps de l'animal à ses extrémités. Ils sont très-élastiques, mais susceptibles seulement d'élargissement, de sorte que chacun de ces anneaux peut former, dans certaines circonstances, un cercle deux ou trois fois plus grand que le cercle primitif, ce qui arrive quand la sangsue est bien gorgée de sang : alors ces anneaux sont aussi parvenus aux maximum de leur éloignement les uns des autres, et la peau qui les recouvre a acquis le plus haut degré de tension auquel elle puisse parvenir.

A chacune des extrémités de la sangsue se

trouve un disque. Le premier, que nous supposons être la tête de l'animal, est en forme de fer à cheval ; le second, qui a été regardé par quelques auteurs comme le siége de l'anus, est toujours circulaire, plan, ou en entonnoir, et présente constamment un assemblage rayonné de muscles contractiles : ces disques sont appelés à faire l'office de ventouses.

Le premier disque, ou bouche de la sangsue, est un corps résultant de la soudure très-visible de petits muscles droits, capilliformes, qui partent, en se rayonnant, de la gorge du disque à sa circonférence : ils sont très-élastiques et très-contractiles. Ce disque est interrompu par une solution de continuité des muscles qui le forment ; il a la figure d'un fer à cheval en effet ; mais une lèvre convenablement placée a la propriété de fournir à ce disque incomplet la portion de cercle nécessaire pour le constituer disque proprement dit, ce qui peut faire diviser cette partie en lèvre supérieure et en lèvre inférieure : celle-ci, à notre avis, n'est qu'un prolongement d'un des anneaux entiers, l'autre, la réunion d'anneaux musculaires imparfaits : ces deux ventouses sont les organes principaux qui servent à la progression de l'animal sur les corps solides. La sangsue s'allonge, la première ventouse se fixe ; ensuite, par une contraction des anneaux musculaires, aussi locomoteurs, l'animal se ramasse en boule, fixe ou étend simplement sa ventouse inférieure, qui, ne pouvant glisser, permet à la sangsue de s'allonger de nouveau, ainsi de suite.

La partie interne de la ventouse buccale renferme trois petits corps blancs qui ont reçu le nom de *dents* : ces petites lancettes sont, avec la ventouse proprement dite, les organes qui composent l'appareil de la succion. C'est l'organisation complexe de cet appareil qu'il est surtout curieux de connaître.

L'on a émis l'opinion que les dents de la sangsue sont de petites scies ou de petites lancettes plates, très-aiguës, qui ne peuvent percer la peau qu'en pinçant, et non en s'enfonçant perpendiculairement dans cette peau. Nous croyons pouvoir détruire cette assertion en nous étayant de nos propres observations.

Les dents de la sangsue, à peine visibles chez ces individus, le deviennent par le secours des instrumens appropriés de dioptrique, d'un microscope, par exemple, exempt d'achromatisme. Cette analyse des dents de la sangsue peut facilement se faire en plaçant à une distance focale du verre objectif d'un microscope composé, la partie interne du disque charnu

qui supporte les dents, et que l'on aura préalablement disséqué au moyen de ciseaux appropriés. (*Voyez* les figures.)

Ces petites armes se présentent sous forme
de petites lanières papiriformes, blanches, plis-
sées ; quand on les étend avec précaution, en
se servant d'une aiguille très-fine, on s'aperçoit
qu'elles sont lisses, lancéolées ; enfin, en les
examinant fort attentivement, l'on découvre
qu'elles sont creuses, et qu'en y insufflant de
l'air elles prennent une forme conique vésiculeuse. Ces petits cônes creux semblent formés
d'un système de petites lamelles flexibles ; il
est impossible d'y apercevoir la moindre trace
de nerfs, que nous devons cependant supposer
y aboutir. Ces appendices ne paraissent pas
d'une structure géométrique parallèle chez les
différentes variétés de sangsues ; chez l'*hirudo
sanguisuga*, ce sont aussi des vésicules coniques ; mais elles sont légèrement étranglées
par places, et rétrécies vers leur base.

Nous pensons que ce n'est que par l'introduction de l'air dans ces vésicules pointues que
celles-ci acquièrent une force de tension assez
considérable pour leur permettre de percer la
peau des animaux : ce qui nous le fait croire,
c'est que nous n'avons pu trouver en elles aucune attache qui puisse faire présumer qu'elles

se roidissent par une force musculaire ou en se remplissant d'un corps solide. Nous dirons donc dans cette hypothèse, pour expliquer la manière dont la sangsue perce la peau, nous dirons que les dents, d'abord flasques, sont roidies par l'introduction, dans leur intérieur, de l'air dilaté qui résulte de l'effet de la ventouse ; nous sommes d'autant plus portés à penser que les choses se passent ainsi, qu'il est bien évident que la piqûre ne se fait sentir que lorsque l'animal a bien fixé sa ventouse : nous n'avons trouvé, à la vérité, aucun conduit pour cet air, aboutissant à la dent en question ; mais le muscle qui supporte celle-ci étant, après la mort, dans un état parfait de contraction, ne permet probablement point cette découverte. D'ailleurs, que devient l'air qui a dû être dilaté et pompé pour permettre la fixation de la ventouse ? Nous ne lui voyons point d'issue pour regagner le réservoir commun, d'où nous inférons qu'il est passé dans un réservoir particulier.

Mais, dira-t-on, comment peut-il se faire que trois corps coniques très-pointus produisent une plaie triangulaire? C'est cette objection que nous allons détruire, en appuyant notre opinion de faits exacts. Rappelons-nous que lorsque des tubes formés de matière malléable ou compressible sont uniformément comprimés plusieurs ensemble, ils prennent une disposition angulaire très-régulière: les alvéoles des abeilles nous montrent un exemple frappant à ce sujet : or, les trois dents comprimées uniformément par une force musculaire spéciale changent leur forme arrondie en angles ; de là il résulte trois pyramides triangulaires, qui, adossées chacune par deux de leurs surfaces, donnent une pyramide collective aussi triangulaire.

Et cette force de compression que nous venons de mentionner, est-elle bien difficile à admettre ? Non sans doute : nous la trouvons dans le rétrécissement alternatif des anneaux musculaires qui s'anastomosent à ceux du disque ou de la ventouse.

C'est donc cet assemblage de trois pyramides qui glissent l'une sur l'autre qui a la faculté de percer la peau. Comment maintenant ces pyramides agissent-elles dans la perforation ? c'est sans doute en pointillant séparément : elles produisent un trou primitif qui s'agrandit après par l'introduction simultanée des trois pyramides ; et si nous admettons que la perforation ne s'opère d'abord qu'à l'aide d'une seule dent, nous devons aussi admettre que lorsque celle-ci dépasse les autres, n'étant plus uniformément comprimée, elle doit perdre sa forme triangulaire, au moins à son sommet, et c'est ce qui a lieu ; car, si l'on enlève la sangsue immédiatement après que la première piqûre s'est fait sentir, et que l'on examine la plaie qui en résulte, on voit qu'elle n'est point triangulaire : c'est une déchirure dont la forme est bien difficile à reconnaître. Nous persistons donc à croire que cette plaie ne devient triangulaire qu'après que la pyramide collective s'y est entièrement introduite.

Nous ne dirons rien de particulier sur la manière dont la succion s'opère après la perforation de la peau et la production d'une ouverture convenable. M. Morand le père, qui a parlé de la sangsue autrefois, lui attribue une langue qui fait l'office de piston, en pompant le sang de la plaie. Nous n'avons point découvert de partie assez saillante à laquelle on aurait pu attribuer la propriété linguale précitée ; mais nous penchons néanmoins à nous ranger de l'avis de M. Morand, si nous nous en rapportons à l'expansibilité des muscles de l'animal.

Plus haut nous avons observé que la sangsue noire (*Hirudo sanguisuga*. LINN.) avait des dents vésiculeuses étranglées par places. Cette observation ne secoue-t-elle pas naturellement ce préjugé, que les sangsues de cette variété sont vénéneuses ? Déjà l'on sait que l'inflammation qui survient quelquefois aux plaies de la sangsue est due à la station dans son intérieur des dents de l'animal : or, la structure irrégulière des dents de l'*hirudo sanguisuga* contribue singulièrement, je pense, à les empêcher de sortir de la plaie aussi facilement que le font celles de l'*hirudo officinalis*, qui sont très-unies et très-régulières. (*Voyez* les figures.)

Quant à la ventouse postérieure, elle est plus large que la ventouse capitale ; ce qui a fait que des auteurs ont pris ce côté pour la tête, comme on le voit dans le passage suivant, extrait d'un ouvrage sur les vers intestinaux, de M. Vanoerven : «S'il est permis, dit l'auteur, de tirer quelques conséquences des observations des autres, j'inclinerais volontiers, avec Tison et Bonnet, pour appeler partie antérieure celle du tænia qui est la plus mince et filiforme, plutôt que de lui donner le nom de la partie la plus ample, qui, selon eux, est la partie postérieure où la queue. Nous voyons pareille chose dans la sangsue qui suce par la partie antérieure et postérieure, et que le célèbre Frish appelle *sangsue à tête et à queue ample*, qui se trouve communément dans les marais. »

Vanoerven, en avançant que la sangsue suce des deux côtés, était certainement dans l'erreur; mais il est vrai de dire que l'on observe quelquefois, par rapport à cette ventouse, un fait qui a quelque ressemblance à ce qu'il avance. La ventouse postérieure, par suite d'une longue application sur les endroits dont la peau est mince, soulève l'épiderme et finit par dilater tellement le derme, que celui-ci laisse suinter à travers ses pores une quantité très-petite de sang qui se ramasse en un globule et peut faire penser que la sangsue a réellement mordu.

Cette ventouse, ajoutons, est-elle le siége d'un anus? rien ne le prouve.

Le système interne de la respiration chez la sangsue paraît trop compliqué pour que nous entreprenions de le définir. Soit dit en passant, il jouit de propriétés qui ne sont pas ordinaires: chacun sait en effet que les sangsues vivent bien dans l'huile. M. Dublondeau en a abandonné pendant quelques jours sous le récipient d'une machine pneumatique dont on avait fait le vide, et aucune d'elles n'a éprouvé de malaise.

Il n'y a rien à dire sur le développement du système nerveux chez ces vers. La difficulté de disséquer convenablement la sangsue nous interdit toute dissertation à ce sujet.

L'enveloppe cutanée qui recouvre les muscles de la sangsue mérite aussi un examen particulier. Cette enveloppe est mince chez la sangsue : cependant sa solidité et son épaisseur sont assez en raison de l'état plus ou moins avancé de la vie, car les jeunes sangsues sont plus molles, plus souples et moins muqueuses que les sangsues adultes. Quoi qu'il en soit, en même temps que cet organe sert à la locomotion, il peut être regardé comme organe protecteur.

Dans la peau de ces vers endobranches, la couche musculaire sous-cutanée est tellement adhérente au derme, qu'elle est confondue avec lui. Le derme est mucoso-spongieux : ce qui le recouvre est un pigmentum abondant, diversement coloré, et servant de caractère distinctif entre les différentes variétés d'endobranches du genre *hirudo*. Dans la sangsue officinale, il se présente constamment sous les couleurs que nous avons assignées à cette variété, quand toutefois il est vu par transmission à travers l'épiderme qui le recouvre. A nu, la variété de couleurs qu'il présentait disparaît ; le pigmentum n'offre plus qu'une matière noirâtre où l'on ne distingue ni traces, ni points diversement colorés. Ce changement de couleur est probablement dû au changement de disposition mo-

léculaire du pigmentum, qui doit avoir nécessairement lieu par la soustraction de l'épiderme ; car, comme on le sait, d'après les travaux des savans physiciens de nos jours, la couleur propre d'un corps est un simple accident
résultant de la grosseur de ses particules et de
leur arrangement. M. Biot, dans son *Traité général de Physique,* donne un nombre d'exemples à ce sujet, tirés des changemens de couleurs que l'on peut produire volontairement
par des combinaisons chimiques, ou qui se produisent spontanément dans la végétation : nous
présumons qu'il en est de même par rapport
aux différentes variétés de ce genre. Du reste,
ce pigmentum jaunit par son contact avec l'a-
cide nitrique ; et il est aussi à observer, chose
naturelle sans doute, qu'il change de couleur
après la mort de l'animal et finit même par disparaître totalement, ce qui rend la sangsue in-
colore et translucide. Nous reviendrons inces-
samment sur les organes accessoires de l'enveloppe cutanée des sangsues, en nous occupant
spécialement des *sens* de ces animaux.

L'appareil sensitif, comme on le sait, est
celui qui met l'animal vivant en rapport avec
les corps extérieurs. Nous n'exposerons point
quelles sont les conditions requises pour qu'un
appareil appartienne à celui des sensations ;

nous ne dirons rien des prétendus sens sup-
plémentaires attribués aux animaux par quelques physiologistes, et qui pourraient bien
avoir quelque rapport avec la modification
qu'offrent ceux de la sangsue.

Du Toucher. Toutes les parties périphériques
de la sangsue jouissent de ce sens au même degré, selon nous; et il y semble même pro-
noncé, ce qui nous conduit à admettre que le
corps papillaire ou la partie nerveuse de l'enveloppe animale y est aussi bien développé ;
d'ailleurs, il est évident, et c'est un fait bien
reconnu, que plus la peau des animaux est
mince, plus leur sensibilité est exquise. Chez
la sangsue, comme chez la majeure partie
des entomozoaires apodes, la couche musculaire sous-cutanée est confondue avec le derme,
comme nous venons de le dire ; l'épiderme qui
recouvre celui-ci est à peine sensible. Ces considérations prouvent donc assez en faveur de
l'existence du toucher. Il suffit de froler une
sangsue avec une barbe fine de plume pour en
avoir une preuve convaincante (1).

---

(1) Dans un Mémoire lu à la Société de Pharmacie
de Paris, je me suis servi des mêmes expressions
pour définir le sens du toucher chez la sangsue.
MM. Henry, Virey et Heller, chargés de l'examen de

Du Goût. L'organe du goût existe-t-il chez la sangsue ? Nous ne pouvons nous refuser

---

mes considérations physiologiques, ont observé dans leur rapport que l'épiderme de la sangsue n'est pas aussi mince que je l'ai avancé, et je saisis avec empressement l'occasion de reconnaître mon erreur, et de remercier publiquement les auteurs du rapport, tant de la bienveillance avec laquelle ils ont accueilli mon travail, que de l'indulgence qu'ils ont mise à le juger favorablement.

J'observe donc, touchant l'épiderme, qu'on ne doit point entendre qu'il est presqu'invisible, mais qu'il peut être considéré comme excessivement mince en raison de l'épiderme de beaucoup d'animaux de la famille des vers.

Pour éviter de discuter les divers points qui vont suivre, je crois nécessaire de faire connaître les différences qui existent entre les vues de MM. Henry, Virey et Heller et les miennes, en prévenant que je n'assure aucun fait, que tout ce que j'émets, bien que fondé sur des expériences, n'est purement qu'hypothétique. Je vais reproduire ici le rapport de ces savans: la connaissance que l'on en prendra sera d'autant plus utile qu'il contient, pour la partie physiologique, un véritable complément de notre travail.

« Vous nous avez chargés, MM. Henry, Virey et moi, de vous faire un rapport sur le Mémoire de M. J.-L. Derheims : ce travail est intitulé : *Considérations physiologiques sur les Sangsues*, et *Notice sur les moyens employés pour conserver ces animaux.*

» L'histoire des sangsues est loin d'être complète, et jusqu'à présent, la plupart des naturalistes n'ont

à l'admettre dans la plupart des entomozoaires ;
mais chez les entomozoaires apodes, il n'est

étudié ces vers que pour leur assigner un rang dans la
grande famille des êtres vivans ; mais ils ont négligé de
considérer ces animaux sous le rapport de l'histoire
physiologique et pathologique : nous ne pouvons donc
qu'applaudir au zèle de M. Derheims, et à la bonne idée
qu'il a eue d'entreprendre un travail sur quelques propriétés physiologiques et quelques maladies de la sangsue. Cette nouvelle étude , dans un moment ou la fré-
quence de son emploi la rend plus rare et lui donne par
conséquent plus de valeur, fait que nous demandons à
M. Derheims la permission de le suivre pas à pas dans
son Mémoire , en l'avertissant que s'il nous arrive quelquefois de porter des jugemens qui pourraient lui paraître sévères , ce ne sera point dans l'intention d'affai-
blir l'intérêt que mérite son travail , mais que nous voulons seulement lui soumettre franchement nos opinions.

» Dans la crainte de répéter ce qui a été dit depuis
Pline jusqu'à nos jours, M. Derheims ne juge point
convenable de s'arrêter à la description ni à l'emploi
médical de la sangsue : cependant il cite à ce sujet un
passage du chapitre dixième du huitième livre de Pline,
chapitre dans lequel ce père des naturalistes ne donne
que de faibles détails sur la sangsue. Il eût peut-être
été équitable de citer aussi quelques auteurs distingués
qui ont décrit dans ces derniers temps , avec beaucoup
d'exactitude , ces vers, et surtout M. Savigny , dans son
beau travail sur l'Égypte ; et M. Caréna , dans son ex-
cellente monographie sur la sangsue.

point de signes qui le fassent présumer; on ne voit point d'organes auxquels on pourrait at-

---

» Quoique M. Derheims se propose, dans le commencement de son travail, de s'occuper de quelques-uns des points de l'anatomie des sangsues, il néglige cette étude, et passe de suite à l'examen de quelques-unes de leurs fonctions physiologiques. Ce travail paraît avoir été entrepris pour détruire quelques assertions de M. Bertrand, pharmacien distingué et professeur de l'hôpital militaire de Strasbourg, lequel a avancé que *la sangsue a le sens du toucher délicat, l'odorat et le goût très-fins, et la vue nulle.*

» Les sensations des sangsues sont les seules fonctions qui occupent M. Derheims; il parle d'abord du toucher de la sangsue, à laquelle il accorde cette sensation à un très-haut degré; mais il n'apporte à l'appui de son assertion que le fait de l'adhérence du derme à la couche sous-musculaire, et la presque nullité de l'épiderme; il est vrai que l'épiderme de la sangsue est mince, mais cependant pas tant que le pense M. Derheims, qui le dit à peine visible, tandis que, disséquant une sangsue avec des instrumens fins, on parvient facilement à reconnaître son épiderme.

» L'organe du goût existe-t-il chez la sangsue? Tel est l'objet de la seconde question de M. Derheims. Il n'hésite point à y répondre par la négative; mais les faits qu'il cite et sur lesquels il appuie cette assertion ne nous paraissent pas décisifs. Nous voulons bien admettre avec lui que, chez la sangsue, il y a absence de la membrane gustative; mais nous ne pensons pas pour cela qu'il

tribuer la gustation : toutefois, la sangsue paraît sentir la sapidité des corps, puisqu'elle

---

faille en inférer l'absence du goût ; et si M. Derheims
est parvenu dans ses expériences à faire sucer aux sangsues une substance amère, ce fait ne suffit point pour
refuser à ces vers la sensation du goût. M. Derheims
devrait d'autant moins tomber dans cette inadvertance,
qu'il va admettre plus bas le sens de l'odorat, sans reconnaître la membrane olfactive. C'est en effet ce dont
il conclut dans les expériences qu'il a tentées pour prouver l'absence de la membrane olfactive, conclusion qui
ne nous paraît pas d'une bien juste logique ; car, de
ce que les sangsues n'ont point péri dans une atmosphère odorante, il serait hasardeux d'en conclure
qu'elles sont privées de l'odorat. D'ailleurs, nous avons
répété les expériences de M. Derheims de la manière
suivante, et nous n'avons point obtenu tout-à-fait les
mêmes résultats.

» C'est ainsi que soixante-dix sangsues de la variété
grise furent placées par dixaine dans sept bocaux privés d'eau : on suspendit dans l'intérieur de chacun de
ces bocaux un nouet renfermant un demi-gros de chacune des substances odorantes que M. Derheims avait
employées dans ses expériences. On ne plaça point de
substance dans le septième bocal, afin que les sangsues
qu'il contenait pussent servir de point de comparaison.
Les choses étant ainsi disposées, on mit les bocaux dans
une cave aérée ; on les y laissa pendant trois jours con-
sécutifs, et au bout des trois jours on examina les sangsues. Voici ce qu'elles présentèrent de remarquable :

semble rechercher le sang plus que toute autre substance.

» 1°. Celles renfermées dans le bocal où l'on n'avait point mis de substance odorante étaient, à l'exception d'une, toutes bien portantes : la seule chose que l'on remarqua , c'est que plusieurs d'entre elles avaient répandu beaucoup de sang et de mucosités.

» 2°. Au premier aspect, il semblait que celles qui étaient en contact avec l'ail étaient mortes, flasques , immobiles, ensanglantées ; mais à peine jetées dans l'eau, elles se ranimèrent et donnèrent de suite des signes de vie.

» 3°. Celles qui étaient en contact avec l'assa – fœtida paraissaient être en assez bon état, quoique couvertes de sang.

» 4°. Celles renfermées dans le flacon au castoréum et à la valériane n'avaient point rendu de sang comme les autres, et étaient toutes très-bien portantes.

» 5°. Le bocal au musc en renfermait une morte et une malade, ayant des nodosités de distance en distance : les autres étaient bien portantes,

» Il résulte des phénomènes observés dans ces premières expériences comparatives, que rien n'annonce d'une manière positive que les odeurs fortes aient une action délétère sur les sangsues, puisque, sur cinquante qui ont nécessairement dû souffrir de la privation d'eau, une seule a péri et une autre devint malade. On pourrait donc tout aussi bien attribuer les altérations qu'éprouvèrent les sangsues dans cette circonstance au manque d'eau qu'à l'effet des odeurs.

La disposition particulière de la bouche ne force-t-elle pas la sangsue à ne se nourrir que

---

» Mais si l'action des substances odorantes désignées précédemment paraît sans action sensible sur les sangsues, il n'en est pas de même de la chair en putréfaction ; car les dix sangsues placées dans le bocal où l'on avait suspendu un nouet rempli de cette substance furent toutes trouvées mortes, et paraissaient même l'être depuis assez long-temps.

» Les sangsues qui résistèrent aux précédentes épreuves furent conservées séparément pendant une douzaine de jours. Voici ce qu'on remarqua au bout de ce temps.

» Celles qui n'avaient point été mises en contact avec des odeurs n'étaient plus qu'au nombre de huit.

» Aucune de celles qui furent mises en contact avec l'ail n'avait péri ; toutes étaient bien portantes.

» Deux de celles qui avaient été retirées du bocal à l'assa-fœtida étaient mortes.

» Le nombre de celles qui s'étaient trouvées en contact avec le castoréum était réduit à sept.

» Des dix qui avaient été soumises au musc, il n'en restait plus que cinq.

» Enfin deux seules périrent de celles retirées du bocal à la valériane.

» Il résulte donc en définitive que les sangsues qui eurent le plus à souffrir dans ces essais furent, d'une part, celles qu'on soumit à l'influence de la chair en putréfaction, et, d'une autre part, celles qui restèrent dans une atmosphère musquée.

» Il semblerait qu'on peut seulement inférer de ces

de sang ou d'autres matières d'une même consistance? Si nous admettons pour un instant

---

faits que les substances simplement aromatiques n'ont
point d'action sensible sur les sangsues, mais que les
matières en putréfaction en exercent, au contraire, une
très-nuisible.

» Dans l'espoir d'obtenir des résultats plus satisfai-
sans et plus positifs, nous avons ajouté aux expériences
de M. Derheims les suivantes :

» 1°. Six sangsues fortes et vigoureuses, de la variété
grise, furent enfermées à neuf heures du matin dans
un flacon dépourvu d'eau ; on suspendit ensuite dans le
haut de ce flacon un autre débouché et rempli d'acide
hydro-cyanique au quart. Aussitôt que ce dernier flacon
fut introduit, les sangsues s'agitèrent fortement en
divers sens, dégorgèrent des mucosités et des matières
fécales, puis enfin une grande quantité de sang, et s'as-
soupirent tellement qu'on les crut mortes ; mais, lavées
à plusieurs eaux, elles reprirent peu à peu leur vigueur
naturelle.

» 2°. Les mêmes sangsues revenues ainsi à elles,
furent déposées dans un flacon rempli d'eau de rivière,
puis on y versa quinze à vingt gouttes d'acide hydro-
cyanique. A peine l'acide était-il versé, qu'elles s'agitèrent violemment, dégorgèrent de nouveau du sang,
et tombèrent au fond du flacon, qu'elles occupèrent
jusqu'à neuf heures du soir, époque où elles furent
lavées, ce qui leur fit donner quelques signes de vie ;
mais elles restèrent plusieurs heures sans acquérir assez
de force pour nager.

que cet arrangement d'organes est tel que,
pour que la sangsue exerce la préhension

» Ces deux expériences ont été répétées plusieurs
fois, et les mêmes phénomènes se sont manifestés, et
dans les mêmes circonstances.

» 3°. Six sangsues mises à neuf heures du matin en
contact avec les vapeurs de l'acide hydro-chlorique,
s'agitèrent peu après, puis acquirent une telle vigueur,
qu'elles parcoururent rapidement la hauteur du flacon
pour chercher un sortie ; mais, retenues par le bouchon,
elles y restèrent suspendues en s'agitant sans cesse. Au
bout de trois quarts d'heure elles dégorgèrent du sang
en abondance ; à trois heures, elles perdirent toute leur
énergie et tombèrent au fond du vase, mais peu à peu
elles remontèrent vers son embouchure ; à neuf heures
du soir il y en avait cinq de mortes, et une vivante
restée seule attachée au bouchon.

» 4°. Six sangsues mises en contact avec de la vapeur
d'acide nitrique pur, à quarante degrés, n'ont donné,
au bout de douze heures, aucun signe d'altération.

» 5°. Six sangsues exposées à l'influence de la vapeur
de l'ammoniaque, ont de suite rejeté des mucosités, se
sont agitées en divers sens en se balançant beaucoup,
dégorgèrent du sang, et une demi-heure après, elles
étaient mortes.

» 6°. On déposa dans un flacon semblable au précé-
dent, c'est-à-dire de la capacité de six onces, six sangsues bien portantes; on les recouvrit de trois onces d'eau
pure, et on laissa tomber dans cette eau quelques
gouttes d'ammoniaque liquide. A peine cette liqueur

buccale, elle est obligée de sucer, nous po-
serons ensuite en principe que la succion ne

était-elle en contact avec l'eau, que les sangsues s'agitèrent beaucoup, dégorgèrent du sang et des mucosités, et une heure après l'expérience, elles étaient mortes.

» Ces différentes expériences ont été répétées trois fois
avec les mêmes résultats.

» 7°. Six sangsues contenues dans un flacon furent
placées au milieu d'une large capsule recouverte d'une
cloche en verre ; on mit ensuite dans cette capsule de
l'alcohol à trente-six degrés, distillé sur de l'opium.
Pendant la première heure, il ne s'opéra aucun changement ; mais, au bout de ce temps, les sangsues cher-
chèrent à se porter vers le haut du bocal. On reconnut
alors très-facilement que leurs têtes étaient comme
tremblotantes et incapables de se fixer sur les parois du
flacon ; tombées enfin au fond du vase, elles dégorgèrent
un peu, et deux heures après, elles avaient cessé de vivre.

» On varia cette expérience avec de l'alcohol pur, à
trente degrés : les mêmes phénomènes se succédèrent,
et la mort arriva dans les mêmes circonstances. Toutes
les sangsues qui ont succombé dans ces recherches
avaient le corps dur, contracté et noueux, et étaient
de beaucoup raccourcies.

» Par ce qui précède, il nous semble raisonnable de
penser que la rapidité avec laquelle les sangsues ont
manifesté la connaissance de la présence des différens
corps auxquels elles furent soumises, ne laisse point de
doute sur l'existence de la sensation de l'odorat ; car il
n'est point probable que par le tact seul, qui lui-même

peut s'exercer qu'à l'aide d'un corps ou d'une pompe sur une matière fluide. Ainsi , chez

---

n'est pas très-délicat chez ces animaux, ils aient pu être aussi rapidement impressionnés. Il est aussi important de remarquer que les sangsues exposées dans une atmosphère d'acide hydro-cyanique sont restées au fond du vase sans chercher à s'élever , et comme plongées dans un assoupissement complet , tandis que celles mises en contact avec l'acide hydro-chlorique se sont élevées jusqu'au haut du flacon , et s'y sont maintenues avec une espèce d'opiniâtreté jusqu'après leur mort.

» Examinant ensuite la vision. M. Derheims refuse, avec beaucoup d'auteurs qui ont parlé de la sangsue , les yeux, et par conséquent la vision à ces animaux : cependant il est des auteurs qui admettent dix yeux chez ces animaux. Mais s'il est vrai que l'on observe quelques points noirs et luisans sur la partie antérieure du corps des sangsues , rien ne nous prouve que ces points sont des yeux , et de là il est raisonnable de penser jusqu'à nouvel ordre, avec M. Derheims , que la vision n'existe point chez ces vers. M. Derheims considère aussi les sangsues comme privées de la faculté auditive. Cette faculté , il est vrai, paraît nulle chez elles : cependant on ne peut se refuser de reconnaître dans leurs mouvemens et dans leur genre de vie , lorsqu'elles ne sont point privées, une espèce de direction qui paraît guidée par un instinct qui les avertit de la différence des lieux paisibles aux espaces agités ; et peut-être pourrait-on , par des travaux ultérieurs, porter plus de jour sur ce point.

la sangsue, pour que la succion ait lieu,
il faut qu'il y ait application de la ventouse

» La manière de conserver les sangsues occupe particulièrement aussi M. Derheims; il recommande, avec
beaucoup de raison, de ne point gêner les mouvemens
de ces animaux, de ne point en renfermer un trop grand
nombre dans le même vase, de les changer souvent
d'eau, afin de les débarrasser des mucosités et des matières fécales qui les entourent, et qui sont un puissant
motif de leur destruction, ou au moins des maladies
dont elles sont affligées.

» Pour conserver les sangsues, M. Derheims propose
un bassin oblong, en marbre; mais la simple description du bassin de M. Derheims vous démontre, Messieurs, la difficulté de son emploi, tant parce que ce
bassin devient onéreux, que parce qu'il demande un
emplacement convenable, ce qui se trouve difficilement
dans les espaces resserrés de nos officines. Mais nous
devons faire ressortir dans toute son étendue l'avantage
du charbon végétal, que propose M. Derheims, pour
mettre dans le fond des vases destinés à renfermer les
sangsues. Ce puissant désinfectant ne peut que contri-
buer beaucoup à la santé et à la vigueur de ces animaux,
surtout si on a soin de le laver tous les huit jours, et de
changer l'eau qui les recouvre.

» Telles sont, Messieurs, les considérations renfermées dans le travail de M. Derheims. En terminant la
tâche que vous nous avez imposée, nous éprouvons une
véritable satisfaction de vous faire connaître que, malgré la dissidence de nos opinions physiologiques avec

sur un corps ; ce corps ne doit être ni trop mou ni trop dur. Dans le premier cas, il n'offrirait point assez de résistance pour permettre l'action du mécanisme de la succion ; dans le second, il ne permettrait que l'application de l'animal, et s'opposerait au jeu de ces petits corps aigus auxquels on a donné le nom de *dents*, et sans l'action desquels la succion ne peut s'opérer, si le corps à sucer n'offre point de pores assez dilatables sans action mécanique.

Ces considérations nous forcent donc à convenir que les sangsues ne peuvent se nourrir que de substances placées dans les circonstances convenables ci-dessus énoncées. L'on peut facilement s'en convaincre en répétant l'expérience suivante. J'ai pesé ensemble vingt-cinq sangsues bien vigoureuses ; je les ai déposées dans un vase contenant une quantité

---

celles de M. Derheims, nous avons reconnu avec plaisir que ce pharmacien distingué possède des connaissances physiologiques et d'histoire naturelle très-étendues, qui le mettent à même de produire un travail plus complet sur les sangsues, et que le Mémoire qu'il vous adresse mérite de prendre place dans vos bulletins. »

Signés J.-J. VIREY, HENRY,
et HELLER, rapporteur.

notée de sang nouvellement écoulé de plaies faites par des sangsues. J'ai couvert le vase, et je l'ai abandonné jusqu'au lendemain ; je notai alors les sangsues ; je les pesai de nouveau, et je fus bien certain qu'elles n'avaient nullement pris de sang, leur poids étant exactement le même. La même expérience, répétée en employant du sang dont la température a été maintenue pendant douze heures, m'a donné les mêmes résultats.

Nous concluons donc de ces données que ce n'est point le goût qui porte les sangsues à s'alimenter de sang, mais bien les organes de la préhension buccale, qui s'opposent à l'introduction d'autres alimens. Ce qui vient encore à l'appui de ce que nous avançons, c'est que, comme je m'en suis assuré par des expériences, elles sont autant portées à sucer les animaux à sang froid que ceux à sang chaud. Elles sucent aussi avec action les mollusques : or, ceux-ci sont à sang blanc ; et quoique l'analyse de ce sang ne nous ait point encore été donnée, il est présumable qu'il doit différer de composition, et par conséquent de goût. Allons plus loin encore. Je suis parvenu à faire prendre aux sangsues une quantité très-notable de lait, d'huile, d'eau gommeuse épaisse, préparée avec une forte décoction de coloquinte. Le moyen que j'ai employé est simple : il s'agit de tremper un fragment d'éponge fine dans un de ces liquides, de le renfermer dans un morceau de peau de baudruche légèrement humecté, et d'exposer le tout à la succion de quelques sangsues. Cet ensemble de faits prouve assez en faveur de l'organe du goût, et nous porte à penser que les sangsues peuvent indistinctement se nourrir d'alimens de différentes saveurs, mais liquides et convenablement placés ; que le moyen employé en Allemagne pour nourrir les sangsues, et qui consiste à jeter de la cassonnade dans l'eau où l'on conserve ces animaux, est vicieux ; que celui recommandé par M. Bertrand, professeur à l'hôpital d'instruction de Strasbourg, n'est pas plus rationnel, puisqu'il prescrit de donner aux sangsues (que l'on conserve ordinairement dans des vases en grès, en verre ou en faïence pleins d'eau) une petite quantité de sang (1).

---

(1) Quelques notes relatives aux sangsues ont été insérées, il y a quelques années, dans le *Recueil des Mémoires de Médecine, Chirurgie et Pharmacie militaires :* ces notes sont de M. Bertrand, pharmacien-major et professeur à l'hôpital d'instruction de Strasbourg. L'auteur, dans un des paragraphes de son Mémoire, émet cette opinion assez généralement adoptée : « La sangsue a le sens du toucher délicat, l'odorat et le goût très-fins, la

Le sang ou les autres substances de même consistance que les sangsues ont sucés, restent un temps très-considérable sans s'altérer; ce qui me fait penser que la poche membraneuse qui contient ces substances n'est qu'un vaste réservoir d'où l'animal tire sa nourriture; et ce qui vient corroborer cette assertion, c'est que, si l'on coupe transversalement et par une de ses extrémités une sangsue dans l'action de sucer, cette action ne se ralentit pas, et le sang qu'elle tire coule immédiatement par l'ouverture faite au corps de l'animal.

De l'Odorat. L'on a assuré aussi que les sangsues ont le sens de l'odorat si délicat, que les odeurs fortes les font périr. Il est à présumer qu'il y a eu quelque cause d'erreur dans l'expérience qui a donné lieu à une pareille assertion. Il existe certainement un organe de l'odorat dans la plupart des *entomozoaires*; il est certain que beaucoup d'insectes et même de mollusques n'aperçoivent les corps qu'à l'aide de l'odorat. Parmi les *entomozoaires*, l'on peut particulièrement citer les *décapodes*, qui ne

---

vue nulle. » Dans un autre paragraphe, il assure que toutes les substances à odeurs fortes font périr les sangsues. Nous avons tâché de combattre quelques-unes de ces opinions, en appréciant toutefois l'intérêt que présente le Mémoire de M. Bertrand.

vivent que de substances animales en putréfaction. Mais ces insectes ont des antennes,
modifiées suivant l'espèce, auxquelles on peut
attribuer le siége de l'olfaction. Chez les *apodes*, on ne reconnaît aucune trace d'antennes.
L'on pourrait encore présumer des sangsues ce que l'on présume des mollusques,
que toute la peau, qui est physiquement analogue à une membrane pituitaire, doit perce-
voir les odeurs dans tous ses points (1). Dans
les sangsues, les cryptes mucipares pourraient
encore être considérés comme organes olfactifs,
si l'expérience n'y mettait point d'objection.
Quoi qu'il en soit, si l'on admet une membrane olfactive chez la sangsue, il n'en res-
tera pas moins évident que les odeurs fortes
n'ont aucune influence délétère sur ces animaux, comme on va le voir par l'expérience
suivante.

Partant de ce principe de physique, que
les corps, pour être odorans, doivent être

---

(1) Cela n'est encore qu'une hypothèse ; il n'est pas
probable que l'enveloppe extérieure, siége d'une sensation générale (le toucher), puisse être aussi celui d'une
sensation spéciale, bien que des anciens physiologistes
aient regardé le sens de l'odorat comme une modification du toucher devenu plus sensible.

dissous dans un fluide gazeux, qu'ils ne peuvent être portés à l'organe de l'odorat que
par l'air, j'ai séché par absorption, avec un
linge spongieux, soixante sangsues bien saines
et bien vives ; je les ai mises par dix dans six
bocaux différens bien secs, et j'ai suspendu
dans chacun d'eux un sachet de matière très-
odorante, savoir :

Dans le premier bocal, un sachet de **musc**
concassé ;

Dans le deuxième, un sachet de castoréum
aussi concassé ;

Dans le troisième, un sachet d'assa-fœtida ;

Dans le quatrième, un de valériane ;

Dans le cinquième, un d'aulx pilés ;

Dans le sixième, un morceau de chair musculaire en putréfaction commençante (1).

Ces bocaux ont été exposés dans un lieu bien
sec à la température atmosphérique. Après trois
jours ils ont été découverts, et l'inspection des
sangsues qu'ils contenaient a été faite. Le résultat a été que toutes les sangsues étaient encore vivantes et dans un action qui annonçait

____

(1) La chair en putréfaction doit être en état complet de putréfaction. La première expérience que j'ai
faite avec de la chair qui commençait à se putréfier m'a
donné des résultats tout-à-fait contraires, comme on
peut le voir dans le rapport fait sur cet objet.

assez que leurs fonctions n'avaient été nullement altérées. Que conclure de ces expériences, sinon l'absence de la membrane olfactive; au moins que les odeurs n'ont sur cette membrane aucune influence qui puisse provoquer la mort de l'individu?

Dix autres sangsues placées dans les mêmes circonstances, avec de la chair musculaire en état complet de putréfaction, sont mortes en moins d'un jour; mais nous ne concluons pas de là que c'est par suite de l'irritation d'une membrane olfactive que la mort de l'animal est arrivée; nous pensons, au contraire, que c'est par l'action des gaz résultant de la décomposition animale sur le système de la respiration, c'est-à-dire qu'il y a eu réellement asphyxie.

Quand les sangsues sont dans l'action de sucer, pour leur faire lâcher prise, l'on applique sur leur corps une pincée de poivre ou de tabac, et à l'instant même elles tombent. Cette expérience a fait croire que la sangsue percevait olfactivement (passez-moi l'expression) les corps odorans. N'est-ce pas plutôt par suite de l'action chimique d'une substance énergique sur la peau que l'animal éprouve une sensation capable de lui faire lâcher prise? En effet si, au lieu d'appliquer sur la sangsue une substance âcre, l'on applique une substance simplement odorante , le même résultat n'a plus lieu : d'ailleurs, l'hydro-chlorate de soude, qui est inodore, a une action énergique sur les sangsues, et, comme le tabac et le poivre, il fait lâcher prise à ces animaux.

De la Vue. — On a souvent regardé comme des rudimens d'yeux quelques petits points noirs rangés sur la partie antérieure du corps des sangsues, comme dans l'*hirudo octoculata* de Linnée ; mais il est facile de démontrer que ces points sont étrangers à la vision ; et il est bien reconnu que le sens de la vue n'existe pas chez les *entomozoaires apodes*.

Dans un Mémoire manuscrit envoyé à l'Académie royale de Médecine par M. Dessaux, sur la reproduction des sangsues, l'auteur pense que les sangsues ont des yeux, comme on le voit dans le passage suivant extrait de son Mémoire : « Je partage bien l'opinion des naturalistes qui pensent que la sangsue voit : voilà l'expérience que j'ai faite : »

» J'ai mis dans un vase de verre (semblable à ceux dans lesquels les faïenciers tiennent à Paris les poissons rouges, et qui portent aussi le nom de *vases à sangsues*), après l'avoir entouré de papier, excepté sur un point, cinquante sangsues qui ne recevaient de lumière que sur le point du bocal non couvert. Ces sangsues vinrent toutes s'y fixer et y retournèrent après les en avoir détournées. »

De ce que les sangsues sont venues se fixer sur les endroits du bocal accessibles à la lumière, est-il juste de penser que ces animaux ont des yeux ou voient? La lumière solaire ne se compose-t-elle point de rayons *lumineux et calorifiques?* Or, que l'on examine séparément la propriété des uns et celle des autres, et l'on verra toute l'erreur de cette induction. Les végétaux ne nous présentent-ils pas journellement des preuves indubitables de l'action des différens rayons? et de ce qu'ils pâlissent dans l'obscurité, ou cherchent le peu de lumière qui pénètre dans les lieux obscurs où souvent on les dépose, devons-nous inférer qu'ils sont doués de la vue?

De l'Ouïe. — Diverses particularités ne nous permettent pas de douter de la présence de ce sens dans la plupart des classes des *entomozoaires* jusqu'aux *décapodes;* mais il est évident que les *apodes* n'en jouissent point. Ainsi les sangsues peuvent être assurément regardées comme privées de la faculté auditive. Cependant, comme on me l'a observé, « on ne peut se refuser à reconnaître dans les mouvemens et le genre de vie de la sangsue, une espèce de direction qui l'avertit de la différence des lieux paisibles aux espaces agités ». Et bien loin de repousser cette observation de MM. Henri, Virey et Heller, je vais l'envisager d'une manière plus étendue.

Ne serait-ce point le sens du toucher, porté à un point maxime de sensibilité, qui porte les sangsues à la connaissance des lieux habités ou des lieux agités ? Nous sommes d'autant plus de cette opinion, que nous pouvons nous étayer d'un cas semblable. Les chauves-souris se dirigent au milieu de l'obscurité quand on les a privées de la vue, qu'on leur a mutilé les narines et les oreilles, espèce de propriété anomale qui a fait que Spallanzani a voulu prétendre que ces animaux ont un sens particulier de direction ; mais on s'aperçoit facilement de cette erreur. L'organe qui leur sert à voler est une peau membraneuse excessivement fine, excessivement nerveuse, qui réunit les différentes parties du tronc et des membres antérieurs. C'est donc cette membrane plus ou moins profondément impressionnée par l'agitation de l'air produite par l'animal même, ou une cause dépendante de l'atmosphère ; car il est de la plus grande évidence que l'air mis en mouvement autour de l'animal doit, suivant que cet animal se trouve éloigné des corps solides, vibrer, et faire refluer les ondulations

vibrantes avec plus ou moins de force, et af-
fecter diversement l'organe sensitif en question.

La sangsue est dans ce même cas d'anomalie, si l'on peut regarder cette extrême sensibilité comme une anomalie réelle. Chez elle,
les cryptes mucipares que l'on observe (1) peuvent bien être regardées comme organes actifs
du toucher, aussi irritables que la membrane
de la chauve-souris.

Nous savons bien que beaucoup d'insectes
jouissent de la faculté d'entendre : ce sont ceux
surtout dont les sexes sont constamment sépa-
rés qui nous donnent des exemples de ce
genre, tels que les décapodes ou crustacés.

Dans son ouvrage sur la structure de l'oreille
des animaux, Comparetti a donné la description
de l'organe de l'ouïe dans un nombre assez
considérable d'insectes hexapodes ; mais les observations de cet auteur sont trop obscures
et trop merveilleuses. Cependant, l'endroit où
il place cet organe, dans la cavité du crâne, sous
les parties latérales du cerveau, se rapproche
beaucoup de l'analogie, et concourt à faire re-

---

(1) Il serait curieux de mesurer le degré de sensibilité de la sangsue vulgaire et de la sangsue marine,
chez lesquelles ces cryptes sont en plus grande quantité.

garder comme justes les assertions de cet auteur. D'autre part, la figure géométrique qu'il
donne à cet organe, qu'il reconnaît être composé
de chaque côté d'un petit sac oblong et de canaux pellucides, curvilignes, flexueux, auxquels
sont mêlés des filamens nerveux blancs, vient
encore à l'appui de ses assertions. M. Ducrotay
de Blainville ayant voulu éclaircir ce point intéressant de l'anatomie des entomozoaires, a
trouvé, à la vérité, que chez la cigale, qui
doit, selon toute apparence, jouir du sens de
l'audition, il existe de chaque côté de l'enveloppe cornée de la partie postérieure de la
tête, un petit orifice ovale, étroit, ressem-
blant à un stigmate; mais ce savant anato-
miste se demande si c'est bien l'organe de
l'ouïe.

Quoi qu'il en soit, Comparetti, qui admet
l'organe de l'ouïe dans les coléoptères, les
orthoptères, les hémiptères, les névroptères,
ne reconnaît point ce sens dans les classes
succédentes d'entomozoaires, et cet aveu ne
fournit pas une petite preuve de la justesse
de l'idée de plusieurs naturalistes, que nous
partageons à tous égards, que l'appareil de
l'audition est nul chez la sangsue; idée qui se
corrobore d'autant plus que Comparetti n'eût
pas manqué de reconnaître un appareil de

l'audition s'il avait seulement aperçu un point auquel aucune fonction n'aurait pu être assignée.

Il reste bien peu de choses à ajouter à la description anatomique et physiologique de la sangsue dans l'état actuel de nos connaissances. Nous ferons remarquer encore cependant que le sang de ce ver endobranche est rouge, et que tout son système sanguin se compose de vaisseaux qui se montrent au nombre de trois, parallèlement à la longueur du corps de l'animal. Ces vaisseaux, assez gros, sont placés, savoir : un à chaque partie latérale du ver, l'autre à sa partie dorsale. Ceux-ci sont réunis par communication de beaucoup d'autres vais seaux de moindre dimension, transversalement placés par rapport aux vaisseaux primitifs. Ce système sanguin a déjà été décrit à-peu-près de la même manière par M. Mérat, dans un article inséré dans le Dictionnaire des Sciences médicales ; mais une inspection anatomique bien suivie nous permet de donner ce système comme plus compliqué, en reconnaissant d'autres vaisseaux sanguins, moins longs que les vaisseaux longitudinaux dont nous avons parlé, et qui tapissent ceux-ci, en ne simulant aucune jonction avec les vaisseaux transversalement placés. Il n'est qu'un œil bien armé qui, à la vérité, puisse découvrir cette autre série de vaisseaux; mais encore est-il vrai qu'elle existe, et que l'on peut surtout s'en assurer à l'aide d'une lentille à court foyer, et de la dissection minutieuse d'une forte sang-sue dont le pigmentum s'est décoloré par une décomposition spontanée; ce qui arrive assez souvent après que l'animal a fait une maladie toute particulière dont il sera question par la suite.

Quant à la circulation, on ne peut l'observer, et je suis tenté de regarder comme illusoire ce prétendu mouvement d'oscillation qui, selon M. Mérat, a lieu environ six fois par minute. Je ne crois pas être non plus d'accord avec cet auteur par rapport à la couleur du sang des vaisseaux. Il dit en effet et positivement, qu'on ne trouve point dans le système sanguin de vaisseaux à sang noir. Que l'on étende sur une lame d'acier polie du sang du vaisseau dorsal, et qu'une pareille quantité de sang des vaisseaux latéraux soit placée à côté de celui-ci, et l'on différenciera avec facilité la couleur du sang des différens vaisseaux. Celui du vaisseau dorsal est d'une couleur bien plus intense que l'autre; et, s'il n'est pas ce que l'on appelle improprement *noir*, nous croyons que ce n'est que parce qu'on ne peut le voir qu'en petite quantité.

Quoique nous ayons ajouté quelques légères observations à ce que l'on savait sur le système sanguin de la sangsue, nous sommes bien loin de prétendre que la description que nous avons faite de ce système, qui joue sans doute un rôle bien important dans l'économie de ce ver, soit complète ; nous ne pouvons répondre enfin si ces vaisseaux s'anastomosent, ou s'ils se communiquent tous, ou si des solutions de continuité ne les interrompent pas intérieurement.

Les vaisseaux sanguins longitudinaux-latéraux sont en contact avec quelques vessies qui, bien que ne laissant entrevoir aucune communication entre elles, ne correspondent pas moins, par leur intérieur, les unes aux autres. Ces vessies sont regardées comme le système pulmonaire.

Abstraction faite de la communication intérieure des vessies que nous croyons avoir reconnue dans le système supposé pulmonaire, nous ne pouvons mieux faire que d'emprunter à M. Mérat le complément de la description de ce système. « Elles s'ouvrent, dit-il (les veines), à la surface de la peau, par de petits conduits dont l'orifice s'observe de cinq en cinq bandes. Ces petites vessies se remplissent d'un liquide blanc, analogue à la transpiration pulmonaire des grands animaux, et qui sert à lubrifier la peau. De petites branches, venant des vaisseaux latéraux, communiquent avec les vessies ; de cette manière le sang est soumis à l'influence de l'air atmosphérique. »

A notre avis, et nous le prouverons par des expériences, les sangsues ne peuvent se passer d'air, bien qu'elles ne meurent point dans l'huile, dans l'eau gelée ou dans le vide. Nous pensons qu'elles conservent toujours une quantité d'air non décomposé, propre à leur respiration ; ce qui nous fait supposer que les vessies en question ont des issues internes qui sont imperceptibles.

Pour prouver d'une manière convaincante l'existence de la respiration des sangsues, l'on peut se servir de divers appareils. Le plus propre à cette expérience est celui de M. Edwards, décrit dans ses *Recherches sur les altérations de l'air dans la respiration*, recherches communiquées à l'Académie des Sciences (1).

Cet appareil (*Voyez* les figures) se compose d'un ballon de verre d'une capacité propor-

____

(1) Ce n'est point, à proprement parler, l'appareil de M. Edwards que nous employons, mais bien une modification de cet appareil, dont toute la différence consiste en la substitution au tube droit d'un tube recourbé, ce qui, dans ce cas, est plus convenable à l'expérience.

tionnée, dans lequel on introduit une trentaine ou plus de fortes sangsues. A ce ballon est adapté un tube du diamètre le plus petit, recourbé à angles droits. Ainsi disposé, cet appareil se place sur un support, de façon que l'extrémité du tube plonge dans l'eau.

Après quelques instans, l'on voit sensiblement l'eau du vase dans lequel plonge le tube s'élever dans ce tube même et remplacer l'air absorbé; et, si l'on voulait apporter à cette expérience une extrême rigueur, l'on pourrait graduer le tube, de sorte que chaque degré équivaudrait à moins d'un $\frac{6}{,00}$ de l'air employé, ce qui permettrait l'évacuation de la quantité d'air absorbé par un nombre déterminé de sangsues, et dans un temps donné.

Si l'on fait passer dans un eudiomètre l'air qui n'a point été employé à la respiration de la sangsue, et que l'on procède à l'analyse de cet air, en se conformant aux procédés exposés dans les cours de M. Thenard, l'on aura bientôt la certitude que l'oxigène n'y est plus dans les proportions qui constituent l'air atmosphérique. On aurait pu donner plus d'extension à cette expérience; mais nous avons pensé qu'il était suffisant de constater que c'était plutôt l'oxigène de l'air que l'acide carbonique qui était absorbé; fait qui coïncide parfaitement avec les résultats obtenus par M. Edwards, après les expériences faites sur divers oiseaux, mammifères et reptiles (1).

M. Edwards a aussi expérimenté de manière à reconnaître l'influence des saisons sur ce phénomène, et, selon lui, l'oxigène est absorbé en plus grande quantité dans l'été que dans l'hiver. Il ajoute encore qu'il y a ordinairement de l'azote absorbé en hiver, et qu'il n'en est pas de même en été; qu'au contraire, à cette époque, l'azote s'exhale. Nous ne suivrons pas les intéressantes observations de M. Edwards; il nous suffit d'avoir prouvé que la sang-sue a un système de respiration que des expériences rendent incontestable, et que c'est par erreur que ce ver a été regardé comme abranche.

Les sangsues sont hermaphrodites.

Ces vers, pour se reproduire, n'exigent point d'accouplement réciproque.

Les organes de la génération sont d'une

____

(1) Les animaux placés dans une portion donnée d'air forment, comme on le sait, par leur respiration, de l'acide carbonique qui se mêle à l'air de l'appareil; les résultats de l'analyse chimique seront donc toujours identiques, soit que les animaux absorbent directement l'oxigène, soit qu'ils absorbent l'acide carbonique mêlé à l'air.

conformation semblable à celle des limaces et limaçons de terre à coquilles, comme nous nous en sommes assurés, d'après la description donnée par Redi.

Deux testicules allongés, terminés par deux canaux réunis et formant une vésicule séminale, composent l'appareil masculin. Cet appareil est soudé à un corps très-délié et élastique, que l'on suppose être la verge.

L'appareil féminin est composé de deux ovaires qui, s'allongeant, forment le vagin et la matrice. Ces deux appareils ont, dit-on, des ouvertures externes que nous n'avons pas aperçues, et sur lesquelles nous ne ferons, par conséquent, aucune réflexion. Ce que nous pouvons ajouter cependant, c'est que nous avons observé qu'à une certaine époque de l'année, au printemps, par exemple, un filet blanc très-mince sort du milieu du corps de l'animal, qui se tient alors recourbé sur lui-même, en formant un anneau de sa partie mitoyenne au disque de l'extrémité antérieure (1).

---

(1) M. Dublondeau a donné la description fort exacte des parties génitales de la limace, de la sangsue, etc. (*Journal de Physique*, octobre 1782.) C'est ce même M. Dublondeau qui assure que les anneaux musculaires

Les sangsues ont été considérées comme vivipares et comme ovipares. Des naturalistes ont avancé que les petits se voyaient tout formés dans le corps de la sangsue créatrice. Linné, sans partager cette fallacieuse opinion, pensa d'abord que ce ver était réellement vivipare.

Bergmann est celui à qui appartient la découverte de l'oviparité de la sangsue. Depuis ce temps on a contesté la vérité de cette découverte, ou on ne l'a adoptée qu'en se reposant sur ce qui en a été dit, comme l'a fait M. James Rawlins Johnson, dans un ouvrage publié à Londres en 1816, sous le titre de *Treatise on the medical leech, including its medical and natural history, etc., etc.* Les Mémoires de l'Académie de Turin offrent aussi une monographie intéressante du genre *hirudo*, qui renferme des observations relatives au sujet que nous allons traiter; mais c'est sans contredit dans le travail que M. Lenoble, médecin de l'hospice de Versailles, a lu à la Société d'Agriculture du département de Seine-et-Oise, et dans un Mémoire lu à l'Académie royale de Médecine, par M. Rayer, qu'on trouve les détails les plus

---

rangés sous la peau de la sangsue sont au nombre de cent cinquante.

intéressans. Ce que nous dirons du développement des œufs de la sangsue officinale n'est que l'exposé sommaire des savantes observations de ce médecin, dont on peut acquérir une connaissance plus parfaite, en consultant ses observations mêmes, publiées dans le *Journal de Pharmacie*, du mois de décembre 1824.

Les cocons de la sangsue se trouvent dans les petits trous de forme conique que l'on observe sur les bords des ruisseaux habités par ces animaux; ils sont ovoïdes; leur diamètre varie ainsi que leur poids, qui est en raison du mucus ou des petites sangsues qu'ils renferment (1). Ces cocons sont d'une structure plus compliquée que celle des capsules qui renferment les autres sangsues ovipares. Chacun de ces cocons renferme , dans une enveloppe spongieuse, une capsule contenant dans son intérieur du mucus, des œufs ou des sangsues.

L'enveloppe spongieuse entoure totalement la capsule. M. Rayer ne l'a jamais vue manquer aux cocons pleins ou vides. Elle est d'une épaisseur de deux lignes environ sur la pres-

---

(1) C'est des sangsues grises et vertes du commerce qu'il est ici question.

que totalité de la périphérie de la capsule, un peu amincie cependant vers l'extrémité du grand diamètre de l'ovoïde, et composée de fibres déliées et solides, formant un tissu dont les mailles sont régulières et perméables à l'eau.

La capsule, que nous croyons, avec cet auteur, n'avoir été observée que par lui, est accolée fortement au tissu spongieux. La matière qui la forme est membraneuse, transparente, mince, blanchâtre et assez résistante. Deux petites saillies angulaires se présentent aux deux extrémités de son grand diamètre. Ces saillies sont de matière plus ferme que la membrane ; elles sont peu translucides, et finissent par se détruire. Une ouverture circulaire remplace alors la saillie de la petite extrémité de la capsule. Ici M. Rayer observe que « l'on remarque plus rarement une semblable ouverture à l'extrémité opposée ; qu'il est plus rare encore d'observer à la fois ces deux issues sur un même cocon. » Il ajoute que « c'est par ces ouvertures que sortent les sangsues lorsqu'elles ont atteint le terme de leur vie intra-capsulaire. »

M. Boullay, qui a fait des essais sur la composition chimique de cette capsule, a trouvé qu'avec les réactifs elle se comporte comme l'albumine coagulée. De ces propriétés il pense, et M. Rayer est de son avis, que la capsule est de nature albumineuse.

Quand on ne distingue encore ni œufs ni sangsues dans la capsule de la sangsue médicinale (1), l'on y voit une matière blanchâtre, de consistance de gelée tremblante ; elle est transparente ; sa saveur est fade. M. Boullay l'a trouvée composée d'albumine et d'une substance qui offre les caractères du mucus. On a rarement observé des ovules dans ce mucus. M. Rayer dit cependant que deux fois il en a vus rangés symétriquement dans cette matière. (*Voy*. les figures.)

L'enveloppe spongieuse est regardée comme formée postérieurement à la membrane cap-

---

(1) Peut-être sera-t-on étonné de ce que je n'ai fait aucune mention de la sangsue dite *médicinale*. Je crois utile de prévenir mes lecteurs que, ne pouvant assigner de différence entre celle-ci et la sangsue officinale que dans les couleurs, qui ne sont pas les mêmes, j'ai considéré ces deux sangsues comme appartenant à la même espèce, et différant seulement par les lieux qu'elles habitent.

Quant aux caractères tactiles et géométriques de la sangsue dite *médicinale* et de celle dite *officinale*, ils sont les mêmes, de manière à ne point permettre de les différencier comme on peut le faire avec toutes les autres espèces connues, en comparant leur structure.

sulaire que l'on suppose expulsée simultané-
ment avec les œufs du corps de l'animal.
L'auteur s'étaie de divers faits qui nous forcent à renvoyer le lecteur à son intéressant Mémoire.

En résumé, M. Rayer a trouvé que le nombre
de germes renfermés dans chaque capsule varie de six à quinze; que les petites sangsues,
dites *grises*, sont plus volumineuses et ont les
vaisseaux sanguins plus apparens que les autres
espèces; que les couleurs s'observent au moyen
de la loupe sur ces petites sangsues; que
celles-ci sont d'abord rouges et peu allongées,
particulièrement en raison du moment où elles
doivent abandonner l'intérieur de la membrane qui les renferme; que jamais le pig-
ment ne manque entièrement à la peau de ces
vers.

Les sangsues vertes et grises, dit encore
l'auteur de ces observations, sortent de la capsule par la petite extrémité du cocon; après
avoir percé la capsule, elles s'engagent dans
le tissu spongieux, finissent par sortir de divers points de la surface de cette enveloppe
extérieure, et se jettent dans les ruisseaux, où
elles nagent avec une grande agilité.

Un Mémoire, aussi fort intéressant, et qui
n'a pas été publié, que nous le sachions, est

celui de M. Dessaux de Potiers. Ce pharmacien a observé, dans les marais artificiels qu'il a fait construire, des faits curieux, et qui vont servir à compléter cette partie de notre travail.

Les sangsues contenues dans un des marais de M. Dessaux parurent à l'époque du 15 mai, couvertes de flocons blancs qui faisaient entendre un bruit semblable à celui que produit l'air en s'échappant des tuyaux capillaires. Le 19, les flocons écumeux avaient disparu, et des corps, semblables, par leur forme, à des olives, se trouvaient placés à côté de chaque sangsue : ces corps étaient des cocons, que l'on plaça, avec peu d'eau, dans des bocaux dont on avait préalablement garni le fond de terre de mare.

M. Dessaux ayant examiné avec toute l'attention possible les changemens journaliers qu'éprouvait la matière contenue dans les cocons, finit enfin par découvrir les sangsues qui s'étaient formées dans leur intérieur. Un fait digne de remarque, c'est que ces animaux se sont toujours rencontrés en nombre impair dans les cocons. Enfin, d'après des observations scrupuleuses, M. Dessaux est conduit à limiter le temps que les sangsues restent à se former jusqu'à ce qu'elles sortent de l'œuf;

il l'évalue à quatre mois et quelques jours. Il pense, en outre, que c'est par les extrémités du cocon que les sangsues sortent : M. Rayer, au contraire, dit qu'elles s'échappent par divers points de la surface de l'enveloppe spongieuse. Quoi qu'il en soit, nous ne devons pas moins de reconnaissance au zèle des deux observateurs qui viennent d'éclairer tout récemment ce point important de l'histoire de la sangsue : il nous est permis d'espérer la découverte de moyens sûrs pour provoquer la reproduction de ces précieux annelides.

De la pêche et de la conservation des sangsues, des maladies auxquelles ces vers sont sujets, et des moyens hygiéniques à employer dans le cas d'épidémie.

Les sangsues, en devenant les armes puissantes d'une doctrine médicale , sont aussi devenues la source d'une branche de commerce assez étendue. Personne n'ignore le nombre de ces animaux que l'on emploie en France depuis quelques années, et l'exportation non moins considérable qui s'en fait. Si nous considérons, d'une part, que la thérapeutique en général en retire de très-grands avantages, et, de l'autre, que les sangsues ont rendu l'é-

tranger notre tributaire, nous sentirons vivement le besoin d'agrandir, autant que possible,
les moyens de nous procurer ces annelides,
et ceux, non moins importans, de les conserver.

L'on trouve dans toutes les parties de la
France des sangsues en nombre plus ou moins
grand. Quelques-uns de nos départemens septentrionaux en ont beaucoup fourni naguère,
et maintenant en sont dépourvus; c'est pour
cela qu'aujourd'hui le prix en est plus élevé
dans ces départemens que dans ceux du midi.
Quoi qu'il en soit, la Bretagne nous fournit
beaucoup de sangsues. On assure même que,
dans ce pays, les personnes qui se livrent à
cette pêche connaissent depuis long-temps les
moyens de multiplier ces animaux, en déposant dans les marais, les étangs ou les fossés,
dans le temps convenable, un bon nombre de
cocons.

Divers moyens sont employés pour se procurer des sangsues. Le meilleur est, sans contredit, de les prendre à la main ; mais il n'est
pas toujours praticable, quand, surtout, les fossés sont profonds et d'une largeur qui ne permet pas de se servir d'une nacelle, même
petite : l'on a alors recours aux filets. Ces filets,
dont la grandeur doit nécessairement être va-

riable, sont faits de toile de crin à mailles assez larges, tendue sur un cercle d'un diamètre proportionné, auquel sont attachés de distance en distance des poids en plomb. Cet appareil est suspendu par quatre chaînes de fil de laiton, fixées par l'une de leurs extrémités à une perche.

On conçoit facilement la manière de se servir de cet instrument. Cette manière, toute simple qu'elle est, présente encore des difficultés, et, sans un certain *tour-de-main*, l'on ne parviendrait que difficilement à en retirer de l'avantage. Il ne s'agit pas, en effet, de le plonger verticalement dans l'eau: de cette façon, les sangsues seraient repoussées au fond de la mare ou du fossé, avec les herbes qui surnagent, et se rouleraient en s'enfonçant dans le détritus des végétaux qui tapissent ordinairement les lits de ces fossés (1). L'instrument s'enfonce donc obliquement dans l'eau et en ondulant: ce n'est que lorsqu'il est parvenu au

---

(1) Quand les sangsues qui nagent sont touchées, elles se contractent aussitôt; ne pouvant plus nager, elles se précipitent au fond de l'eau : les pêcheurs disent dans cette occurrence que les sangsues *se roulent*, et évitent autant que possible de les toucher sans être certains de les prendre.

fond qu'on le retire, en faisant un petit mouvement, afin de n'agiter que la partie de l'eau comprise dans le diamètre du cercle, et de pouvoir recommencer non loin de là la même opération. Les sangsues prises ainsi se déposent de suite dans des vases appropriés, au fond desquels on a mis une couche de mousse mouillée.

Si toutes les sangsues du commerce étaient prises de cette manière, on aurait moins de raisons de s'en plaindre; mais la cupidité des pêcheurs ne s'en tient pas là. Tantôt ils jettent dans les mares des foies de veau enfilés par une corde, et font des traînées, souvent fort longues, de ces chapelets; ils placent le soir ces appâts, et ce n'est que le lendemain qu'ils les ôtent. Les sangsues qui s'attachent à ces foies ont eu le temps de se gorger, ce qui les rend moins aptes au service auquel on les destine : encore n'est-ce qu'avec violence qu'on les détache de leur proie, dans laquelle souvent elles sont contraintes de laisser leurs dents. Tantôt en agitant avec force le fond des ruisseaux au moyen d'une espèce de rateau, on les fait venir presque à la surface de l'eau, et on les saisit avec des filets. On les prend encore en tirant du fond des fossés, au moyen d'une large cuiller en bois, la vase dans laquelle

on suppose que les sangsues doivent se trouver.
C'est à l'approche des orages, des pluies, que
cette manière de pêcher les sangsues est mise
en usage ; car l'on sait que, dans ce temps, elles
gardent le fond des rivières.

Les sangsues sont alors versées dans le commerce. On les transporte ordinairement dans
des vases de terre, de petits tonneaux, ou dans
des sacs de toile, en ayant soin de les accompa-
gner de mousse bien humectée, ou mieux encore
de fragmens d'éponges communes, comme cela
se fait pour celles que l'on expédie au-delà
des mers.

Un point bien essentiel, c'est la conservation
des sangsues. Déjà nous avons donné, dans le
Journal de Pharmacie, et dans une Notice
lue à l'Académie royale du Pas-de-Calais,
en 1821, des moyens relatifs à ce sujet ; mais
nous avons jugé qu'il serait nécessaire d'envisager plus profondément un objet aussi utile :
c'est donc le fruit d'expériences nouvelles que
nous allons mettre sous les yeux du lecteur.

Le plus sûr moyen de conserver les êtres
organisés dans un état de vigueur, c'est de
les priver le moins possible de leurs habitudes.
Cette vérité, pour être bien sentie, n'a besoin
d'aucun développement, et l'on pourrait, à
juste titre, étendre au règne animal ce vers

aphoristique que Virgile applique aux végétaux :

Nec verò terræ ferre omnes omnia possunt.

Cette assertion, toutefois, ne peut être, de nos
jours, regardée comme absolument juste. Chacun sait que l'on est parvenu à acclimater en
France un nombre infini de végétaux étrangers,
ainsi que beaucoup de variétés de ces précieux
troupeaux exotiques dont les productions, en
laissant un libre essor à notre industrie, forment une des branches les plus actives de nos
manufactures.

Les sangsues présentent dans leur conservation domestique des modifications assez singu-
lières. Quelquefois ces animaux se gardent très-
bien; souvent, au contraire, ils périssent en
grand nombre; car, outre les variations atmosphériques, auxquelles ils sont fort sensibles,
ils sont encore assujettis à différentes maladies
indépendantes de cette cause, et qu'il est fort
difficile de prévenir. Cependant, avec des soins,
l'on parvient à les garantir de beaucoup de ces
inconvéniens, qui sont presque toujours la
source de leur destruction.

C'est de l'étude que nous venons de faire
des sangsues que nous tirerons les moyens les
plus propres à les conserver. Ces vers, comme

nous l'avons vu, jouissent d'une faculté loco-
motive générale. La première chose à observer
est donc de ne pas gêner leurs mouvemens.
Les vases, ordinairement petits en raison des
quantités de sangsues que l'on y met pour les
conserver, ne contribuent pas peu, je pense, à
leur destruction. Quand on est forcé de les
garder de cette manière, il faut avoir soin
de les changer d'eau fort souvent et avec précaution, pour ne point les blesser, de les débarrasser des mucosités qu'elles exsudent (1),
de bien laver les vases, et de les couvrir d'une
toile médiocrement serrée.

Avant de passer en revue les différentes manières que l'on emploie pour conserver les
sangsues, je vais donner la description d'un
réservoir qui permet à ces animaux de jouir
de toute liberté, et dont l'utilité a été reconnue
par les personnes qui font en grand le commerce de ces vers.

---

(1) Ce sont des mucosités qui jouissent des propriétés
physiques et chimiques du mucus animal : toutefois les
acides ne paraissent pas les dissoudre avec autant de
facilité ; de plus, ce mucus, quand il est sec, se dissout
en petite quantité dans l'eau. Il m'a paru ne pas fournir
autant de sous-carbonate d'ammoniaque, par la dis-
tillation, que le mucus proprement dit.

Dans le fond d'un bassin de marbre, on dispose une couche de six à sept pouces d'un mélange de mousse, de tourbe et de charbon de bois en petits fragmens; on parsème cette couche de petits cailloux qui, par leur poids, doivent retenir la mousse sans trop la comprimer, afin que l'eau puisse la pénétrer et filtrer à travers.

A l'une des extrémités du bassin, qui doit être oblong de préférence, et vers le milieu de la hauteur des parois, doit être assujettie une table mince de marbre, percée de petits trous en plus ou moins grand nombre. Cette table doit être recouverte d'une couche de mousse sur laquelle on met aussi des cailloux, mais en plus grande quantité que sur la couche du fond, afin qu'elle soit plus fortement comprimée.

Le réservoir ainsi disposé, l'on y met de l'eau de rivière, qui ne doit l'emplir qu'à moitié, et en telle quantité que la mousse et les cailloux qui recouvrent la table de marbre ne soient que légèrement mouillés. De cette manière, la mousse du fond est entièrement recouverte d'eau; celle du dessus est en partie à nu. Le bassin se recouvre d'une toile de crin à mailles serrées, autour de laquelle sont attachés des plombs qui, par leur propre poids, tiennent la toile très-tendue : celle-ci ne permet point alors aux sangsues de s'échapper.

Les sangsues que l'on dépose dans des réservoirs de ce genre peuvent à volonté se promener sur la mousse extérieure ou nager dans l'eau. Si, d'une part, on considère que ces sortes d'animaux, dans leur état de liberté, rampent souvent sur la mousse humide, et de l'autre, qu'ils aiment à s'enfoncer dans la terre, l'on sera porté à juger utile un réservoir de cette espèce.

Chacun sait que les sangsues produisent en grande quantité cette sorte de mucosité dont nous avons parlé plus haut ; que cette exsudation les recouvre fort souvent : c'est, je crois, l'agent le plus puissant de leur destruction. L'observation me permet d'assurer, et chacun peut se convaincre de cette vérité, que dans les temps nébuleux ou durant les orages, cette mucosité se contracte tellement, que les sangsues qui en ont autour d'elles ne tardent point à être étranglées en différentes parties de leur corps, ce qui les fait périr, ou concourt singulièrement à l'annihilation de leurs facultés.

L'on conçoit que cet inconvénient, le plus grand peut-être auquel les sangsues soient assujetties, doit disparaître en employant les réservoirs en question. En effet, ces vers, en traversant la mousse (soit celle du fond, soit celle de la table de marbre), sont légèrement pressés de toutes parts, et se débarrassent de cette mucosité filamenteuse, ce qu'ils ne peuvent faire dans de simples vases ou pots de terre ou de grès, dans lesquels ils ne trouvent qu'une surface lisse sur laquelle ils glissent sans pouvoir abandonner ce qui les gêne.

Nous employons de la tourbe en fragmens, pour offrir aux sangsues des points plus résistans que la mousse; nous mélangeons du charbon à cette tourbe, pour prévenir la putréfaction de la matière animale : néanmoins il est indispensable de changer ces réservoirs d'eau de temps à autre, ainsi que de mousse. Quant au renouvellement de cette première, il doit s'effectuer assez souvent; un robinet, convenablement adapté à une paroi vers la base de celle-ci, suffit pour vider librement le bassin. (*Voyez* les figures.)

Cet appareil doit être (autant que faire se peut) placé assez loin des habitations, afin qu'il ne puisse recevoir aucune température factice, qui, comme on le sait, nuit beaucoup aux sangsues.

Il est des personnes qui pensent que les eaux courantes ou agitées conviennent mieux que les eaux stagnantes, en ce qu'elles sont renouvelées à chaque instant. Je pense aussi qu'elles conviennent mieux, quand surtout l'hiver approche ; car, comme on le sait, les eaux courantes sont moins congelables que les eaux stagnantes, et les sangsues qui les habitent sont moins exposées aux transitions. Ce n'est pas là cependant le motif qui rend ces eaux préférables : elles sont plus saines, dit-on.

A cette occasion, un pharmacien de Saint-Omer (Pas-de-Calais) m'a communiqué le plan d'un réservoir qu'il doit faire établir, dans lequel l'eau se renouvellera continuellement. Nous croyons nécessaire de publier la construction de ce réservoir, qui offre un véritable intérêt. (*Voyez* les figures.) Cependant nous observerons que, ne contenant aucun des corps solides si nécessaires aux sangsues, l'on ne pourra y conserver qu'un nombre bien limité de ces animaux.

Dans tous les réservoirs que l'on a faits, on a singulièrement modifié la construction et la situation de l'appareil. Chez quelques droguistes de Londres, on a pratiqué en terre des fosses assez larges que l'on a muraillées en mâche-fer, et dans lesquelles on conserve une assez grande quantité de sangsues. Ce moyen peut-il être considéré comme présentant de l'avantage ?

A mon avis, un moyen que l'on doit prendre en considération, quand il peut s'exécuter, est le suivant. On peut déposer dans les fossés des sacs de crin bien fermés, dans lesquels on a mis un nombre plus ou moins considérable de sangsues. Je ne sais si déjà l'on s'est servi de ce moyen; mais tout porte à croire qu'il ne peut qu'offrir un avantage réel.

Envisageons maintenant d'une manière générale les réservoirs dont il vient d'être fait mention, avant que d'arriver à ceux que l'on peut employer pour faire reproduire les sangsues. Le choix de l'eau qui sert à ces réservoirs n'est pas indifférent, ainsi que sa température. Dans quelques-uns de nos ports septentrionaux, les pharmaciens ne peuvent faire de grandes provisions de sangsues sans s'exposer à des pertes presque certaines, parce qu'ils sont contraints à déposer ces animaux dans de l'eau de citerne qui leur est délétère, au moins d'après toute apparence. D'ailleurs, nous savons parfaitement que cette eau ne contient pas et ne peut contenir autant d'air qu'une eau de fontaine ou de rivière (1), et nous trouvons

______

(1) L'on pourrait malgré tout obvier à cet inconvénient, en agitant l'eau de citerne avec un moussoir avant de la faire servir à la conservation des sangsues.

là la cause d'un phénomène qu'on a faussement attribué à l'air de la mer, car l'on trouve encore assez de sangsues dans les mares voisines de la mer, où l'eau est continuellement agitée par les vents assez violens des côtes.

C'est donc l'eau de rivière ou celle de fontaine que l'on doit employer, ou encore celle que l'on recueille de la pluie, et qui n'a passé que par des conduits bien propres, sans avoir lavé les couvertures des maisons. Cette eau doit, avant de servir aux sangsues, avoir acquis la température de celle où se trouvent ces animaux, et cela se fait facilement, en déposant les vases qui la contiennent auprès des réservoirs, quelques heures avant le temps où l'on change l'eau de ceux-ci.

L'hiver, les réservoirs peuvent se transporter dans un lieu dont la température soit de quelques degrés au-dessus de zéro, afin d'éviter que l'eau ne gèle. Quoi que l'on ait dit pour prouver que les sangsues ne périssent point par la gelée, il est constant qu'il en meurt beaucoup; d'ailleurs, il est fort désagréable de devoir casser la glace pour les prendre, ce que

---

C'est ce moyen que M. Thenard a employé en Hollande, il y a quelques années, pour rendre potables les eaux de citerne.

l'on ne peut faire qu'en tuant assurément beaucoup de ces animaux.

Nous répéterons ici ce que nous avons déjà dit en parlant des organes de la préhension buccale de la sangsue : *Cet animal ne peut se nourrir que d'alimens placés dans des circonstances convenables.* On agirait donc infructueusement en imitant beaucoup de personnes qui pensent que la faim est la cause de la mort des sangsues au bout d'un certain temps, et qui, pour obvier à ce désagrément, rendent impure l'eau dans laquelle on conserve ces vers, en y jetant de la cassonade, du miel, de la mélasse, substances qui entrent en fermentation avec beaucoup de facilité quand on les joint à des eaux non distillées qui, comme on le sait, contiennent déjà des débris invisibles d'animaux ou de végétaux. Le sang caillé, que quelques personnes ont aussi recommandé de donner aux sangsues, ne peut qu'être fort nuisible, puisqu'il se putréfie dans l'eau en très-peu de temps. D'ailleurs, ces soidisant manières de nourrir les sangsues ne pourraient convenir, même en admettant que les sangsues en profitent, puisque l'on cherche toujours à n'employer que ceux de ces animaux qui n'ont pas encore sucé. Et en admettant l'utilité de leur donner de la nourriture, ne conviendrait-il pas mieux de leur présenter le sang qui leur serait nécessaire , de manière à ce qu'elles pussent s'en emparer, en leur donnant, par exemple, de la chair musculaire fraîche , ou mieux encore du foie , comme cela se pratique pour la pêche des sangsues ?

Quel que soit le choix que l'on fasse parmi les différens moyens présentés pour la conservation des sangsues , l'on devra toujours observer que les vases ou réservoirs doivent être bien nets , et d'une construction telle que les sangsues que l'on y dépose puissent jouir des effets physiques et chimiques de la lumière ; car nous avons prouvé évidemment l'influence de ces derniers sur les organes du sens actif du toucher chez la sangsue ; et dans ce cas , les vases de verre , quand on ne conserve ces animaux qu'en petit nombre , sont préférables aux pots de terre ou de grès dans lesquels on les met ordinairement. Cependant nous recommanderons encore d'exposer les vases à la lumière diffuse plutôt qu'aux rayons solaires.

Les sangsues s'habituent bien à différentes températures , depuis 2 jusqu'à $30°+0$; mais il faut que ces températures ne les impressionnent qu'insensiblement , soit en croissant, soit en décroissant. Si l'on voulait se donner la peine de répéter quelques-unes de nos expériences, l'on acquerrait la certitude qu'une transition de quelques degrés pris dans cette partie de l'échelle thermométrique de $2°+o$ à $20°+o$ (du thermomètre centigrade) suffit, non pour tuer les sangsues, mais pour oblitérer leurs facultés, de manière à leur ôter la force nécessaire à l'action des organes de la succion. C'est peut-être à ces transitions, assez fréquentes l'été, que nous devons d'avoir des qualités de sangsues plus ou moins propres au travail auquel elles sont destinées.

Déjà cette extrême sensibilité avait été remarquée par M. Cresson. (Note insérée dans le journal de Pharmacie, *in-4°*, page 197.) Ce pharmacien assure que c'est la chaleur et les transitions qui tuent les sangsues. Nous ne voyons pas les choses d'une manière aussi absolue : car c'est en vain que nous avons essayé de tuer des sangsues en les faisant passer d'une température de $3°—o$ à cette autre de $30°+o$, *et vice versá*. Constamment l'animal s'est contracté en passant du chaud au froid, et a manifesté beaucoup d'agitation en passant du froid au chaud. Les sangsues qui avaient servi à faire cette expérience ont été mises à part ; aucune d'elles n'a péri, même après un temps assez considérable, et tandis que d'autres sangsues mouraient sous le même concours d'influence des agens physiques; mais jamais il n'a été possible, non-seulement de leur faire piquer la peau, mais encore de provoquer la fixation de leur ventouse.

Jusqu'à présent l'on n'avait pas déterminé positivement le degré de chaleur ou celui de froid jusqu'où la sangsue pouvait vivre : ce que l'on savait à cet égard, c'est qu'on n'a pu acclimater la sangsue indigène au-delà des tropiques. Pour laisser peu à désirer à ce sujet, j'ai tenté quelques expériences d'où j'infère que les sangsues pénétrées de 45° degrés au-dessus de zéro du thermomètre centigrade périssent en très-peu de temps; et ce qui ne laisse point que d'être curieux, c'est que les sangsues fort petites résistent plus long-temps à la chaleur que celles qui sont très-grosses. Par rapport au froid , c'est tout le contraire; les grosses sangsues résistent mieux que les petites : celles-ci, pour être frappées de mort, n'exigent que 5, 6, 7 degrés au-dessous de zéro, tandis qu'on ne parvient à tuer les autres qu'en les plongeant dans un mélange frigorifique qui marque 9, 10 et 11° — 0. Ici il est d'observation que les choses ne se passent pas ainsi avec les sangsues gorgées de sang. En effet, une chaleur de 36 à 38 degrés suffit pour

tuer celles-ci , qui meurent aussi à 4 ou 5 degrés au-dessous de zéro ; et cette différence de
résistance à la mort qui existe entre les sangsues
gorgées et celles qui ne le sont pas s'explique
assez bien par les propriétés de l'albumine
contenue dans le sang , qui se coagule par une
chaleur un peu élevée (1).

---

(1) Ce fait m'a donné l'idée de tenter quelques essais
d'analyse du sang de la sangsue , qui pourraient peut-
être jeter un jour favorable sur l'explication de certains
phénomènes physiologiques que l'on observe chez les
vers. Je me hasarde d'autant plus à produire ici les résultats de mes essais que je suis bien persuadé que tout
le monde savant est loin de partager l'opinion de l'auteur de l'article *Sang* du *Dictionnaire des Sciences
médicales*, qui , au mépris, des savans travaux sur le
sang des Leeuwenhoek, des Lemery, des Parmentier ,
des Fourcroy, des Deyeux , des Marcet, des Berzelius ,
des Thenard et des Vauquelin , s'explique ainsi dans
un des paragraphes de son fragment historique du
sang : « *Toutes ces expériences* (dit M. Montfalcon,
après avoir donné le mode d'analyse du sang proposé
par M. Thenard), *ces analyses qui composent la chimie
animale ne paraissent pas avoir une grande utilité,
sous quelque rapport qu'on les considère;* elles n'ont
pas fait découvrir une vérité physiologique, elles n'ont
point perfectionné la médecine pratique , elles n'ont
pas ajouté à sa latitude ; un médecin enfin gagne peu à
les connaître. Ce n'est pas dans les creusets et auprès

Ces différentes considérations , jointes à la mortalité des sangsues , qui a lieu constamment à l'approche des orages , nous a conduits à essayer une analyse du sang de ce ver. C'est cette analyse que nous allons mettre sous les yeux de nos lecteurs, en les priant bien de croire qu'elle n'est ici donnée que comme un simple essai.

Sang extrait des vaisseaux sanguins de la sangsue. — Avec bien des précautions l'on parvient, par l'ouverture faite aux principaux vaisseaux sanguins de la sangsue , à extraire d'un certain nombre de ces animaux assez de sang pour en faire l'examen : c'est ce que nous avons fait. Ce sang, fraîchement obtenu , est rouge, vu par réflexion comme par transmission ; abandonné à lui-même, au bout de quelques heures, il se sépare en deux parties bien

---

des fourneaux qu'il parviendra à surprendre quelques-uns des secrets de la vie , et à dissiper les ténèbres épaisses qui couvrent encore plusieurs parties importantes de la science de l'homme. » Nous ne ferons aucune réflexion sur l'opinion de M. Montfalcon, ce serait nous écarter du plan de notre ouvrage ; mais nous dirons franchement que, si la date ne se fût trouvée à la tête de cette proposition , nous eussions pensé que celle-ci avait été faite du temps d'Hippocrate...

distinctes, comme le sang des mammifères ;
mais, comme celui-ci, il ne forme point de
cruor, les deux parties restent liquides. Celle
du fond est d'un rouge violet, tandis que la
partie surnageante est fauve, moins translucide
que le *serum* proprement dit.

La partie du fond, en quantité bien plus
petite que celle du dessus, n'a point d'odeur
particulière ; son goût est fade ; par un repos
prolongé, il ne s'en sépare ni fibrine, ni matière colorante. Cette matière acquiert de plus
en plus de la fluidité, et finit enfin par se putréfier en se décolorant ; mise en contact avec
le gaz ammoniac, elle ne change pas sensiblement de couleur ; avec le chlore, elle se décolore très-rapidement ; desséchée et brûlée,
elle répand une faible odeur de matière animale en combustion ; sa pesanteur spécifique
paraît un peu plus forte que celle de l'eau,
quand elle est fraîchement séparée.

La matière rouge, délayée dans une assez
grande quantité d'eau (comme on le fait pour
obtenir la fibrine du sang des mammifères),
ne permet point, par une filtration bien opé-
rée, d'obtenir la moindre quantité de fibrine,
cette matière se dissolvant entièrement dans
l'eau, qui, mise à bouillir, ne présente d'autre phénomène remarquable que celui ordi-

naire de l'ébullition à la pression journalière de l'atmosphère , la vaporisation. Le liquide rouge, soit mélangé à l'eau , soit pris isolément, ne présente aucun caractère d'alcalinité ou d'acidité.

Mélangée à l'eau, mise en contact avec le charbon animal , la matière rouge se décolore , et donne à la filtration une eau limpide qui laisse précipiter par le repos une matière filamenteuse très - déliée , que néanmoins nous avons prise pour de la fibrine à un état extrême de division. Cette matière se redissout dans l'eau, par l'addition d'une quantité proportionnée de potasse à l'alcool ou d'ammoniaque.

Le liquide louche surnageant, que nous devons regarder dans cette circonstance comme un véritable sérum, n'est ni alcalin, ni acide. Exposé à $40° + 0$ du thermomètre centigrade, il se prend immédiatement en une masse blanche, opaque, semblable au blanc d'œuf coagulé par la chaleur; il ne laisse échapper que peu de vapeur aqueuse ou presque pas sensiblement.

Délayée dans l'eau, quand elle est nouvellement séparée de la partie rouge ou *caillot,* cette matière paraît ne se dissoudre dans ce liquide qu'en proportion extrêmement petite : on peut la précipiter (après avoir séparé de la dissolution , au moyen du filtre , les parties

seulement interposées), en ajoutant à sa dissolution de l'alcool.

Nous n'avons pas jugé nécessaire de nous
assurer des espèces de combinaisons salines
qui doivent indubitablement entrer dans la
composition de ce sérum, nous réservant un
examen plus approfondi du sang des annelides. En attendant, nous pouvons tirer les
conclusions suivantes de la composition du sang
des sangsues : 1°. que le caillot de ce sang ne
contient qu'une quantité presque inappréciable
de fibrine, qui s'y trouve à l'état de division
extrême; 2°. que la matière colorante y est en
quantité proportionnellement plus grande que
dans le sang des mammifères; 3° que le sérum
de ce sang est aussi, par rapport à ce liquide,
en quantité proportionnée plus grande qu'il
ne l'est par rapport au *cruor* dans le sang des
mammifères; 4°. qu'il contient beaucoup d'albumine et peu d'eau.

Nous inférerons naturellement de ces différentes données, comme ayant un rapport di-
rect avec la conservation des sangsues, que
la mort presque subite de ces animaux, à l'approche ou pendant la durée des orages, est
due à la coagulation de leur sang par l'impression de l'électricité atmosphérique, très-
intense et répandue pendant ces révolutions

de l'air. On sait que l'électricité a la propriété de coaguler l'albumine des substances qui en contiennent, des œufs, par exemple, quand même cette albumine ne serait que disséminée dans ces corps : quelle doit être son influence sur celle des matières qui en contiennent beaucoup (1)? Nous ajouterons encore à ce que nous venons de dire que la contraction du mucus qui enduit la sangsue, que l'on observe aussi à l'approche des orages, pourrait bien se rapporter à la même cause, supposant que cette substance, comme celle des fosses nasales, renferme dans sa composition une quantité très-notable d'albumine.

Dans des saisons indéterminées, il arrive quelquefois qu'une épidémie se manifeste parmi les sangsues ; qu'en très-peu de temps on perd un bon nombre de ces animaux. La cause de cette mortalité ne s'oppose point à ce que nous la combattions par des moyens, sinon thérapeutiques, au moins hygiéniques. Déjà nous avons fait voir, dans notre Mémoire inséré dans

---

(1) M. Brande a pensé que le fluide voltaïque pourrait servir à faire découvrir l'albumine en des quantités minimes, parce que cette substance, placée dans le courant de la pile, se coagule de suite autour du pole négatif.

le Journal de Pharmacie, l'influence du charbon sur cette cause destructive, et nous avons eu la satisfaction de voir applaudir ce moyen. Nous exposerons donc bientôt le mode d'emploi de cette substance désinfectante.

Diverses causes peuvent séparement jeter l'épidémie au milieu d'un réservoir. La plus commune est la putréfaction : l'air vicié par les gaz qui résultent de la décomposition animale suffit pour cela. MM. Virey, Henry et Heller l'ont prouvé, en constatant l'erreur dans laquelle j'étais tombé, en avançant que la putréfaction ambiante n'avait aucune action sur les sangsues. Aujourd'hui que nous savons parfaitement que ces animaux ont une respiration assez accélérée, nous pouvons publiquement, tout en l'avouant, rectifier cette erreur, dans laquelle nous aurions dû tomber d'autant moins que nous avions déjà obtenu de bons effets de l'emploi des désinfectans dans cette circonstance.

Une autre cause de l'épidémie est le fait suivant. Il arrive qu'on met quelquefois dans les réservoirs, et parmi de bonnes sangsues, quelques-uns de ces vers qui, ayant sucé longtemps auparavant, sont gorgés de sang en putréfaction. Ce sont ces sangsues qui, sucées souvent par d'autres, sèment au milieu de la peuplade la dévastation. M. Louis Vitet, qui publia en 1809 un Traité sur la sangsue officinale, a consigné dans son ouvrage des observations relatives à notre sujet. Quand on fait vomir les sangsues par un moyen quelconque, soit en produisant la contraction de leurs muscles par l'application sur ces organes de matières alcalines ou acides, soit en les comprimant simplement entre les doigts, l'on peut observer, dit M. Vitet, que les matières rendues sont quelquefois d'une odeur de substance animale en putréfaction. Il faut donc, autant que possible, éviter soigneusement de mélanger aux bonnes sangsues le moindre nombre de sangsues gorgées qui, n'élaborant point l'énorme quantité de sang qu'elles renferment, contraignent celui-ci à se putréfier au bout d'un certain temps.

Pour obvier à ce grand inconvénient, auquel cependant l'on n'est que trop exposé, il faut choisir avec soin celles des sangsues qui sont bien saines. Elles sont toujours plates et vives ; les autres, au contraire, celles qui sont gorgées, sont plus rondes, plus gênées dans leurs mouvemens progressifs sur les corps solides ou dans l'eau, et, à cette occasion, peut-être ne ferait-on pas mal, en imitant les marchands de sangsues, qui n'achètent aux pêcheurs que ceux de ces animaux qui, plongés dans l'eau, nagent non loin de la surface de ce liquide, et laissent ceux qui se précipitent lourdement au fond.

L'autopsie des sangsues supposées gorgées de sang, au lieu de cette matière sanguine, offre quelquefois un liquide d'une consistance sirupeuse, d'une couleur semblable à celle de l'humeur noire contenue dans la bourse membraneuse de la seiche, et que l'on emploie en peinture sous le nom de *sépia*. Cette liqueur, dont la couleur est permanente, mériterait d'être examinée particulièrement, afin de savoir si c'est un liquide particulier auquel cette couleur appartient, ou si c'est une matière décomposée. Nous pensons qu'elle pourrait remplacer avec le même avantage le *sépia*, qui est d'un prix assez élevé dans le commerce.

Les sangsues qui meurent dans les épidémies ont pour caractères, après la mort, la décomposition ou la décoloration du pigmentum, partielle chez quelques individus, totale chez certains autres ; constamment leur tête est blanche, et laisse apercevoir des traces sanguines ; leur corps est rond entièrement ; la ventouse postérieure est effacée ; l'animal est plus dur que dans l'état de vie.

On voit combien il est essentiel, d'après tout ce que nous venons de dire, de rejeter avec soin les sangsues mortes qui peuvent se putréfier, ou d'écarter des lieux où l'on conserve ces vers tout ce qui pourrait répandre dans l'air une odeur de putréfaction.

Pour arrêter l'épidémie, nous ne mettrons pas en usage les moyens ordinaires de désinfection, qui s'effectuent en décomposant les miasmes putrides par des agens chimiques, l'action de ces agens ayant sur les sangsues l'influence la plus mortelle, au moins pour la plupart : c'est de la capacité absorbante du charbon que nous tirons les moyens infaillibles de combattre cette sorte d'épidémie.

Quand on s'aperçoit que l'épidémie règne dans un réservoir ou dans les vases ordinaires où l'on conserve les sangsues, il faut aussitôt en ôter celles-ci, en les séparant exactement des individus morts et de ceux qui semblent souffrans, que néanmoins on peut rappeler à la santé. Les sangsues saines encore se déposent dans des bocaux ou vases appropriés, dans lesquels on a mis de l'eau et du charbon de bois concassé ; celles qui sont malades se lavent à plusieurs eaux et sont aussitôt placées dans un vase à large ouverture ; après quoi on les couvre de charbon en poudre : en cet état, elles sont abandonnées à elles-mêmes pendant deux ou trois heures.

Durant cette opération, les vases ou les réservoirs sont bien lavés ; la mousse brûlée ou jetée au loin est remplacée par de nouvelle mousse. Si la grandeur des réservoirs le permettait, l'on ferait bien de brûler quelques torches de paille bien sèche dans leur intérieur, afin que l'air qu'ils contiennent en soit entièrement changé.

Les sangsues malades que l'on a abandonnées en les couvrant de charbon doivent être alors lavées par l'addition de l'eau dans les mêmes vases ; ensuite elles sont posées avec précaution sur des tamis, et exposées à l'air pendant quelques minutes. Après ces diverses manipulations, on peut sans crainte les remettre dans les réservoirs ou vases dans lesquels, comme nous l'avons recommandé, on aura déposé une couche de mousse nouvelle, et d'autres fragmens de charbon de bois que ceux qui y étaient précédemment. Les sangsues saines que l'on aura séparées pourront être, sans inconvénient, réunies à celles-ci.

La propriété du charbon, dans ce cas, ne peut être douteuse. Il y a peu de temps qu'une personne qui fait le commerce de sangsues avec l'Angleterre m'écrivait que, depuis quinze

jours, elle perdait journellement cent cinquante à deux cents sangsues d'un bassin qui
en contenait primitivement dix mille, tandis
que les sangsues d'un autre bassin qui en contenait plus de vingt-cinq mille ne mouraient
qu'en fort petit nombre chaque jour. « Je ne
» sais, disait-elle, ce qui peut être la cause de
» cet accident; je ne change pas plus souvent
» l'eau des unes que celle des autres; j'emploie
» la même eau pour les deux bassins. » Sans
m'étendre sur la cause de cette mortalité, je
conseillai à la personne l'emploi du charbon,
avec cette modification, qu'elle n'aurait qu'à
laisser les sangsues du réservoir infecté dans
une petite quantité d'eau, d'y mêler du charbon, et de laver ces vers après quatre ou cinq
heures, dans plusieurs eaux bien pures. Le
tout fut ponctuellement exécuté, et quatre jours
après la personne me manda qu'elle s'était on
ne peut pas mieux trouvée de mon conseil.
« Le premier jour, me dit-elle, je fis l'essai,
» et le lendemain, à mon grand étonnement,
» on ne trouva que neuf sangsues mortes. Le
» surlendemain, on n'en trouva que trois, etc. »
Je ne m'appesantirai pas plus sur cet objet; je
puis ajouter cependant que déjà j'avais obtenu
les mêmes résultats de l'emploi du *charbon
animal* dans la même circonstance; mais sur un

nombre bien inférieur de sangsues. Ne pourrait-on pas constamment mêler le charbon animal ou végétal à l'eau qui sert à conserver les sangsues?

Il arrive quelquefois un autre désagrément aux sangsues : ces animaux s'entre-sucent, ce qui a lieu particulièrement quand ils sont forcés de vivre rapprochés les uns des autres : de là la nécessité de ne pas trop en mettre dans un même vase ou dans un même réservoir. On a même vu de grosses sangsues qui, dans ce cas, avalaient en partie celles qui sont fort petites, sans digérer la partie avalée, ce qui ne concourt pas peu à prouver, avec les faits précédemment avancés, que les cavités que l'on a prises pour des estomacs, chez ces vers, sont simplement les compartimens d'un réservoir ou sac particulier, qu'elles n'ont rien de commun avec les organes digestifs.

C'est cependant une erreur que de croire que les sangsues ne s'attachent qu'à celles d'entr'elles qui sont gorgées de sang. J'ai vu des sangsues fixées par douzaines à un seul individu qui, ouvert, n'a présenté aucune trace capable de faire supposer qu'il eût sucé ni sang ni autre substance. Il semble, dans cette occurrence, que la fixation aux corps solides soit un besoin naturel à la sangsue : car souvent cet animal reste fort long-temps attaché sans opérer la moindre succion, en laissant voguer au gré de l'agitation de l'eau toute la partie de son corps à partir de la tête. Où trouverons - nous la cause de ce que nous venons d'exposer? Irons-nous la puiser, comme on l'a fait déjà, dans la faim de l'animal, qui, rarement, suce dans ce cas, comme nous venons de le dire? Irons-nous la chercher dans le besoin du repos à une certaine époque de son existence ou enfin dans un germe morbifique...? Car, on ne peut nier ces faits, plus curieux qu'ils ne paraissent d'abord, que lorsque l'on observe cette entre-fixation elle n'a pas lieu seulement pour quelques individus, mais pour la généralité de ceux qui se trouvent dans le même espace, que lorsqu'on les sépare ils se rattachent de nouveau les uns aux autres, ce que l'on tenterait en vain de produire artificiellement en mettant ensemble et sans eau un grand nombre de sangsues dans toute autre circonstance. C'est là, nous pensons, un des grands secrets de la nature dont l'homme ne pourra jamais s'emparer malgré ses désirs toujours sans bornes.

Les sangsues qui se sont ainsi accolées les unes aux autres ne meurent pas, à la vérité, mais elles perdent par places des portions assez larges de l'épiderme et deviennent fort gênées dans leurs mouvemens progressifs natatoires. Nous avons toujours observé alors l'affaiblissement de tous leurs organes et leur tendance à la putréfaction. Les espèces de petites plaies faites par suite de la longue application de la ventouse blanchissent à leurs bords et s'agrandissent singulièrement dans les fortes chaleurs de l'été. Quelques sangsues en cet état ont été mises dans un vase dont l'intérieur communiquait faiblement avec l'air de l'atmosphère, et le vase fut exposé aux rayons solaires pendant quelques heures. Les sangsues, mortes alors pour la plupart, dégageaient une odeur bien caractéristique de putréfaction animale. D'autres sangsues ont été employées à la même expérience. L'air vicié ou plutôt le produit gazéiforme de cette décomposition animale a été recueilli sous une cloche de la machine hydro-pneumatique; partie a été conservée pure, partie a été agitée avec de l'eau privée d'air (1) par une ébullition lente.

Des sangsues introduites dans cet air avec un

---

(1) Nous avons privé l'eau d'air parce que ce fluide, en dissolution dans ce véhicule, contient toujours plus d'oxigène, et celui-ci aurait pu avoir quelque action sur le fluide délétère. D'ailleurs, privée d'air, cette eau devait nécessairement dissoudre plus de gaz.

tube de verre auquel on les avait assujetties au moyen d'un fil de soie, ont d'abord manifesté une grande agitation ; quelques minutes après, elles se sont allongées et contractées alternativement ; enfin un mouvement d'élongation fort subit a terminé leur existence. Exposées à l'air, ces sangsues se sont entièrement décolorées, et ont fini par se dessécher après s'être putréfiées, et n'ont laissé qu'une peau jaunâtre dont l'odeur rappelait encore éminemment celle des matières animales putréfiées.

D'autres sangsues bien saines, bien vigoureuses, ont été introduites dans le bocal qui contenait l'eau que l'on avait agitée avec le fluide délétère en question, et ce qui est remarquable, c'est qu'au lieu de manifester de l'agitation, elles se sont précipitées au fond du vase comme si elles avaient été asphyxiées en y entrant. Pendant trois jours qu'on les y laissa, elles n'ont point changé de place. Au bout de ce temps, deux étaient mortes ; les autres, appliquées à un endroit du corps où la peau est très-fine, ont refusé de s'y fixer ; mises enfin avec d'autres sangsues dans de l'eau bien saine, elles ont toujours occupé le fond du vase ; tandis que les sangsues autres que celles-là nageaient librement en parcourant toutes les parties du liquide. Ces sangsues ont enfin fini par périr au bout de huit jours.

Dans les notes que M. le docteur Rayer m'a communiquées, nous voyons des observations très-étendues et très-bien suivies de plaies par morsures. Ces plaies, que l'on observe en diverses régions du corps de la sangsue, sont fort souvent triangulaires, et nous devons ici admettre qu'elles ont été faites par morsures, et non pas seulement par la simple application de la ventouse, comme nous l'avons remarqué. Le nombre de plaies varie singulièrement pour chaque sangsue : ordinairement c'est une seule plaie que l'on observe; M. Rayer en a compté jusqu'à huit; il en a vu dans tous les points du corps de la sangsue, sur le ventre, le dos, la tête. Quand ces plaies sont récentes, elles représentent parfaitement l'aire du triangle formé par la piqûre des trois dents d'une sangsue.

Ces plaies ont encore cela de particulier, qu'elles sont plus ou moins profondes : les unes ne sont que superficielles, et n'entament guère que la peau et la couche musculaire sous-cutanée, simplement à la superficie; les autres pénètrent jusqu'à la surface du tube auquel on assigne le nom de *canal intestinal*, en lui en attribuant les fonctions. Dans d'autres cas, les dents de l'animal ont pénétré jusque dans la cavité de l'intestin même.

Les plaies superficielles sont les plus rares, et cela, M. Rayer l'explique, avec juste raison, par la longueur des trois dents de la sangsue. Cette observation doit faire abandonner l'idée que les dents de la sangsue sont des scies horizontalement placées, dont les dents sont tellement courtes qu'il faut le microscope pour les apercevoir (1). Il en est de même d'une sangsue qui a été examinée par M. Johnson, qui propose pour elle le nom de *hirudo vorax*, parce que cette sangsue, véritable *hirudo*, a perdu ses dents par des causes inconnues, et offre à la place de celles-ci des renflemens plus ou moins apparens, et une dilatation très-prononcée des mâchoires (2).

---

(1) Nous croyons, et nous l'avons déjà dit, que ce que l'on a pris pour de véritables dents dans ce cas sont les restes des dents enlevées, comme on le voit dans les figures.

(2) Cette sangsue, nommée aussi *sangsue de cheval*, *horse-leoch*, n'est, selon nous, que la sangsue officinale parvenue à un grand point d'accroissement, et non la sangsue dont nous avons parlé et que nous avons dit se trouver en Écosse : la première a tous les caractères de la sangsue officinale, l'autre est considérablement plus grosse proportionnellement à sa longueur, et moins souple quoique couverte de plus de mucosités.

Les plaies qui pénètrent jusqu'à l'intestin font quelquefois paraître au dehors une portion plus ou moins considérable de cet intestin ; celles qui communiquent dans la cavité même du tube intestinal sont la cause de l'expulsion du sang , ou des fluides d'autre nature contenus dans le corps de l'animal. Ces fluides sortent surtout en abondance par la perforation accidentelle lorsque l'animal s'allonge, ou bien lorsque l'on exerce une traction simultanée sur les deux extrémités.

Les points où existent les petites plaies sont souvent indiqués par une contraction des fibres musculaires exercée circulairement, de sorte que l'animal paraît étranglé ; mais nous avons observé que ces nodosités ne se rencontrent que chez celles des sangsues mordues dont les plaies se sont cicatrisées sans putréfaction. De ces morsures viennent donc les nodosités que l'on voit sur beaucoup de sangsues du commerce, qui ont été expédiées en grand nombre dans de petits sacs ou des vases trop étroits , où elles sont restées souvent pendant plusieurs jours.

Les plaies superficielles sont seules susceptibles de se cicatriser en peu de jours, et comme nous, M. Rayer croit que celles qui sont accompagnées d'éventration ne se cicatrisent peut-être jamais. L'animal peut cependant vivre en cet état quelque temps , et dans ce cas , nous avons précédemment prouvé l'urgence de le séparer des autres sangsues qui sont saines, craignant la putréfaction des plaies et celle du sang , ou autres fluides qui en exsudent fort souvent.

Bien que mordues , si leurs plaies ne sont pas en putréfaction , nous pensons que les sangsues peuvent encore vivre et se reproduire. Des circonstances souvent des plus violentes ne déterminent pas la mort de l'animal, tandis que celles qui semblent les plus innocentes le font promptement périr. M. le docteur Rayer a conservé vivantes pendant quatre mois des sangsues officinales auxquelles il avait enlevé la tête et la queue, sans autres précautions que de les changer d'eau tous les jours. Il serait bien intéressant , pour completter l'histoire des vers, de donner à ces expériences toute la latitude qu'elles méritent.

Sur les sangsues, celles du commerce plus particulièrement , l'on observe aussi de petites ulcérations qui sont spécialement situées sur les parties latérales du corps de ces animaux. Ces petits ulcères , qui s'observent surtout en été chez ces vers, sont ordinairement teints de sang. M. Rayer, à qui appartient encore cette observation , demande si ces ulcères ne sont pas des morsures superficielles dont la forme triangulaire a été détruite par les progrès de l'inflammation.

Ces ulcérations latérales me paraissent avoir cependant une autre cause que la morsure, car depuis la communication que M. Rayer m'a faite de ses notes, j'ai observé que cette ulcération était totale chez quelques individus chez lesquels les lignes latérales avaient entièrement disparu. Il peut se faire cependant que cette ulcération générale soit provoquée par une ou plusieurs plaies primitives : c'est ce que nous ne pouvons expliquer. Quoi qu'il en soit, il est d'observation que les sangsues qui en mordent d'autres s'attachent de préférence aux endroits les plus charnus de ces dernières : c'est ce que nous avons essayé de constater par l'expérience, en mettant ensemble dans un petit bocal un nombre assez considérable de grosses et de petites sangsues.

L'inflammation des organes considérés comme organes de la digestion, est de toutes les maladies des sangsues la plus fréquente, en même temps qu'elle est la plus grave : on la reconnaît souvent à la tuméfaction des lèvres de l'animal, qui sont rouges et boursoufflées, et surtout à l'aspect des nodosités que présente la face abdominale des sangsues.

A ces espèces de contractions et d'étrangle-
mens du corps de la sangsue affectée d'inflammation des organes digestifs, succède un état
de flaccidité du corps de cet animal. Lorsqu'on
examine l'intérieur des organes de la digestion,
l'on voit que la membrane mince et blanche
qui les tapisse est devenue d'un rouge plus ou
moins foncé, dans la totalité ou dans une partie de son étendue.

Chez les sangsues saines, M. Rayer a trouvé,
suivant les alimens qu'elles ont pris, et l'é-
poque plus ou moins éloignée à laquelle elles
ont exercé la succion, il a trouvé, dis-je, et
on trouve ordinairement du sang, et plus rarement du lait ou un fluide particulier aqueux,
transparent, que je crois être du sang des animaux à sang blanc (1). Au contraire, chez les
sangsues dont le canal alimentaire est enflammé, l'on trouve toujours un fluide blanchâtre,
qui a les propriétés physiques et chimiques du
pus. Cette humeur morbide est épanchée seu-

---

(1) L'autopsie des sangsues, qui nous montre dans
ces animaux du sang ou du lait, ne nous porte-t-elle
pas encore à douter de la réalité des organes digestifs,
où l'on croit voir ces organes ? Comment se fait-il que
le lait et le sang, après avoir subi le travail de la digestion, soient encore du lait et du sang ?

lement dans les portions enflammées du canal alimentaire , lorsque celui - ci n'est pas totalement oblitéré.

Les causes les plus évidentes de cette inflammation des organes dits digestifs de la sangsue sont les suivantes :

1°. Le séjour des sangsues dans une eau putréfiée ou trop rarement renouvelée ;

2°. L'exposition de ces animaux à une température trop élevée ;

3°. L'impression qu'ils reçoivent de l'influence de l'électricité , qui, comme nous l'avons déjà dit , a une action très-prononcée sur le sang propre des sangsues , et sur les mucosités contractiles qui les recouvrent ;

4°. Le transport des sangsues dans des sacs mouillés ou non mouillés.

La majeure partie de ces causes peut servir à expliquer l'observation presque vulgaire que la mortalité des sangsues est plus grande pendant les chaleurs de l'été que dans les autres saisons, et le peu de succès de quelques personnes qui ont essayé d'expédier des sangsues à des distances éloignées et sous des régions équatoriales , sans s'être assurées des moyens de préserver l'eau dans laquelle ces animaux étaient plongés d'une trop haute température, ou de la putréfaction.

Quant au premier inconvénient, nous ne voyons pas la possibilité d'y parer; le second nous offre des moyens très-raisonnables : c'est d'embarquer de l'eau en quantité convenable dans des tonneaux charbonnés, et de renouveler avec celle-ci, le plus souvent possible, l'eau qui sert aux sangsues.

L'on remarque encore, chez les sangsues, une autre sorte d'inflammation : c'est celle de la bouche, indépendamment de l'inflammation du canal alimentaire. Les caractères de cette inflammation buccale ne peuvent être équivoques : tuméfaction, rougeur des lèvres, s'étendant parfois de plusieurs lignes vers le corps de la sangsue, qui présente une sorte de rétrécissement ou de collet à l'endroit où l'inflammation s'est arrêtée. Quand l'inflammation est considérable, les lèvres de l'animal sont quelquefois saignantes.

Les sangsues sont tellement voraces qu'elles meurent quelquefois réellement d'indigestion. Souvent aussi elles se sont tellement gorgées de sang qu'elles en rendent par la bouche une partie avec beaucoup de facilité. Toutefois il est curieux d'observer qu'il est des cas où de certains individus gorgés de sang ne peuvent rendre ce sang, même quand on exerce sur eux une pression assez forte, en tenant d'une main la ventouse postérieure , et glissant les doigts depuis cette extrémité jusqu'à l'extrémité buccale , ou encore en les mettant dans l'eau salée , comme le font les personnes qui veulent les faire servir une seconde fois. Cela tient sans doute au gonflement considérable des lèvres de la sangsue, qui, pressées fortement l'une contre l'autre, ne permettent pas au sang de sortir. En cet état, les sangsues que l'on pique avec une aiguille très-fine poussent au dehors un jet de sang assez rapide qui diminue progressivement avec la tension des muscles de l'animal.

La peau des sangsues présente quelquefois des colorations accidentelles, qui sont à-peu-près les mêmes chez les diverses espèces. J'ai trouvé , il y a quelque temps, un de ces animaux, de la variété officinale, qui portait une bande jaune très-apparente , qui s'étendait depuis le milieu de la face abdominale jusqu'à la partie supérieure de la bouche, en couvrant plusieurs points du dos. Antérieurement j'avais observé , sur un individu de l'espèce *hirudo sanguisuga,* des taches grises semées çà et là sur le dos et le ventre. Je mis à nu le *pigmentum* afin de m'assurer si cette coloration, bien que résistante quand on lave la sangsue, n'était point due à une liqueur particulière teignante. Je vis bientôt que cette couleur n'était pas seulement superficielle, que le *pigmentum* en était pénétré. Est-ce anomalie, me demandai-je? Est-ce l'effet d'une cause morbide, est-ce le produit enfin de l'action de quelques agens extérieurs chimiques? Je suis porté à considérer cette troisième question, en me rappelant que certains insectes lâchent des humeurs particulières, âcres et caustiques; que certains autres, tels que les fourmis, par exemple, laissent échapper une liqueur acide très-forte.

Pour constater l'effet des acides sur la peau des sangsues, je séchai bien quelques individus des variétés *sanguisuga* et *officinalis*, et au moyen d'un cylindre de verre très-mince, j'appliquai sur chacune des surfaces dorsale et abdominale de ces sangsues une quantité infiniment petite d'acide acétique du bois non concentré, d'acide nitrique affaibli par l'eau, d'acide hydro-chlorique, et enfin d'une solution aqueuse assez concentrée de gaz ammoniac. Les sangsues ressentant vivement l'impression de l'acide, manifestèrent aussitôt une grande agitation, en s'allongeant et se reployant sur elles-mêmes avec une grande vivacité. Mises immédiatement dans l'eau et lavées avec précaution, elles redevinrent calmes.

Les sangsues examinées présentèrent des variétés de couleurs selon l'espèce d'acide avec laquelle elles avaient été séparément mises en contact. L'acide nitrique décompose le *pigmentum* du dos et celui du ventre, et produit sur les deux surfaces une couleur brune, que l'on peut distinguer très-facilement ; l'acide hydro-chlorique, une couleur rouge-jaunâtre ; l'acide acétique, une couleur grise ; l'ammoniaque détruit le tissu cutané, et porte en même temps son action sur la couche musculaire sous-cutanée, qui se gonfle beaucoup.

Nous croyons donc que c'est par un véritable accident, indépendant de la sangsue, que la peau de cet animal se colore quelquefois partiellement ou totalement. Il peut se faire que les sangsues soient attaquées par des fourmis, ou autres insectes de la petite famille des myrmèges, et que la liqueur acide que laissent échapper ces animaux soit la cause de la coloration en question. Quoi qu'il en soit enfin, nous nous sommes assurés que les sangsues qui présentaient ces colorations ne prenaient pas avec facilité, comme on l'a observé aussi par rapport à celles que nous avions mises en contact avec les différens acides ci-devant dénombrés.

Il nous reste encore à examiner une des

maladies de la sangsue qui , à notre avis , est
la plus rare. Les anneaux musculaires de ce
ver paraissent quelquefois couverts de petites pustules rougeâtres , semi-ellipsoïdes. Ces
fausses pustules sont transparentes ; leur intérieur ne contient aucune matière purulente ;
c'est la chair musculaire elle-même , qui véritablement est poussée au dehors à de certains
endroits dont la peau a été soustraite.

Ces pustules , examinées avec soin , laissent
entrevoir de petits pertuis placés au milieu et
vers les deux extrémités de l'ellipse ; pressées,
elles ne rejettent aucune matière. Nous ne
pouvons découvrir la cause de semblables affections : nous penchons néanmoins à la voir
dans la piqûre de quelqu'insecte qui laisse
dans la plaie une liqueur âcre qui produit une
inflammation considérable.

Les sangsues ainsi affectées peuvent vivre
encore assez long-temps ; nous en avons vu
guérir et redevenir très-vives ; mais nous avons
toujours remarqué que ces sangsues étaient
peu aptes à opérer la succion. Celles qui ne
guérissent pas , au bout d'un certain temps ,
finissent par perdre leurs facultés vitales d'une
manière assez singulière. D'abord la partie postérieure meurt , ce que l'on voit par la sensibilité et la décoloration de cette partie de l'a-

mal, qui, en même temps, change de forme en s'arrondissant. Peu à peu la sangsue perd totalement la vie. Tantôt c'est une des parties latérales qui présente des caractères de mort ; jamais la tête ne meurt avant les autres parties, et ce qui est assez curieux, c'est que souvent il ne reste en vitalité, pendant plusieurs semaines, que la tête et huit ou dix anneaux musculaires.

Des sangsues ainsi affectées ont été mises, partie dans l'eau, partie dans un bocal bien sec, parmi d'autres sangsues bien saines, dans l'intention de savoir si leur maladie était contagieuse ou non. Après plusieurs jours, nous pûmes assurer qu'il n'existait dans les bocaux aucune contagion.

Exposées à une température assez élevée, les mêmes sangsues ne donnèrent aucun signe de putréfaction. Après quelques jours, elles périrent ; celles qui étaient dans l'eau restèrent en vie plus long-temps que les autres.

Une maladie dont les caractères sont opposés à ceux de cette dernière s'observe encore chez quelques sangsues, chez lesquelles, en place de pustules, l'on voit des concavités de diverses dimensions occuper différentes régions du corps de l'animal, sans que l'on puisse trouver de désorganisation proprement

dite des muscles qui présentent ces particularités : ceux-ci, à la vérité, sont déformés partiellement, mais ils jouissent des mêmes propriétés ou facultés locomotives que les autres
muscles, de sorte que l'animal ne paraît souffrir en rien de cette affection, que nous n'avons
jamais vue que chez un bien petit nombre de
sangsues. Nous avons fait quelques expériences
pour déterminer l'inflammation de ces sortes
de plaies, en agissant comme pour les précédentes; nous n'y avons point réussi : ces vers,
au contraire, se sont toujours conservés sains ,
et constamment nous les avons trouvés propres
à la succion.

Ce qui est particulier, et qui ne contribue
pas peu à donner de la véracité à ce que nous
avons avancé en traitant de la manière dont les
sangsues se nourrissent, c'est la véritable atro-
phie qui frappe ces animaux. Quand on les
conserve dans l'eau, après un certain temps,
ils maigrissent en effet. M. Rayer, qui, le premier, a fait des expériences pour constater le
fait que nous relatons ici , s'est aperçu qu'ils
diminuaient de poids au bout d'un an ou deux
de séjour dans l'eau. Nous croyons que si cette
observation n'a point été faite déjà, c'est que
le prompt renouvellement des sangsues , dans
les officines , s'y est toujours opposé.

Nous ne connaissons plus d'autres maladies aux sangsues : sans doute ces animaux sont assujettis à des influences morbides autres que celles que nous venons de décrire, et qui, peut-être, n'ont lieu pour l'animal que parce qu'il est à l'état de domesticité.

L'on ne connaît pas plus le terme de la vie des sangsues ou libres ou domestiques ; nul doute que l'existence de ces animaux est en raison des circonstances qui les rapprochent plus ou moins de l'état naturel. Quoi qu'il en soit, on en a vu vivre dans des bocaux en verre, dont on renouvelait l'eau tous les quatre à cinq jours, l'espace de cinq à six ans. Une personne que nous croyons très-digne de foi nous a assurés en avoir conservé pendant dix ans, durant lequel temps les mêmes sangsues avaient été appliquées sept ou huit fois, sans avoir jamais refusé de mordre : il est vrai que leurs différentes applications n'avaient eu lieu qu'à des époques éloignées les unes des autres, et après que l'animal avait bien dégorgé, effet que l'on provoquait chaque fois en le plongeant dans une eau légèrement salée.

Nous dirons quelques mots maintenant sur les réservoirs à faire reproduire les sangsues, en renvoyant aux notes et à l'explication des figures pour ce qui a rapport à la construction et à l'utilité de ces réservoirs.

Faire ressortir ici ce que les marais artificiels présentent d'avantageux ne serait qu'ajouter à ce que nous avons dit ; nous nous contenterons de jeter quelques idées sur les moyens d'établir en grand ces marais.

Les pharmaciens des villes, réunis en société, ne pourraient-ils pas, par l'achat d'un terrain assez étendu, établir un véritable marais dont la production annuelle se répartirait entre eux à une époque fixée ? Certes, il serait bien facile de peupler primitivement ces marais, et pour y parvenir, deux moyens se présentent naturellement : le premier est d'y déposer un nombre de sangsues du commerce dans le temps où ces animaux sont au minimum de leur prix ; le second est d'alimenter ce réservoir des sangsues qui ont servi et qu'ordinairement on rejette comme inutiles, et pour cela, l'on accorderait à toute personne qui viendrait y déposer ces animaux deux centimes et demi pour chaque sangsue. Il n'est point de servante et de garde-malade qui n'apportassent au marais les sangsues dont on aurait fait usage, ce qui leur présenterait un bénéfice dont elles s'empresseraient toujours de profiter, comme les campagnards profitaient avidement jadis de la prime accordée par un arrêté du conseil d'Artois, qui gratifiait de vingt-quatre deniers par chaque tête de corbeau celui qui faisait la chasse à ces oiseaux voraces.

Application médicale de la Sangsue.

La propriété de sucer le sang, que possède la sangsue, est connue depuis bien des siècles. L'on trouve dans un des chapitres du huitième livre de Pline, un passage qui nous en donne la preuve : *Cruciatum in potu maximum sentiunt haustâ hirudine quam sanguisugam vulgo cæpisse appellari adverto.* Il n'en est pas de même de l'emploi médical de cet animal : Thémison en fit le premier mention.

En 1665, Hieronimus Nigrisoli publia son ouvrage intitulé : *Progymnasmata, seu de Hirudinum Appositione internæ parti uteri,* et ce n'est que de cette époque que date l'emploi assez fréquent de la sangsue, à ce que nous croyons.

Quoi qu'il puisse en être de l'époque de l'emploi médical primitif de ce ver, il n'est pas moins vrai que son application offre plus de difficultés qu'on ne le croirait d'abord. Le praticien sait en effet les peines qu'il lui en coûte souvent pour appliquer les sangsues, qui, dans beaucoup d'occasions, ne sont malheureusement que des armes incertaines.

quand le cas surtout requiert une application prompte de ces animaux.

Il est vrai de dire toutefois que l'application des sangsues est souvent confiée à des mains inhabiles, à des personnes étrangères à la chirurgie, et que ces animaux, comprimés entre des doigts dont la peau est calleuse, souffrent singulièrement et refusent de prendre; mais ce n'est point là la seule cause qui les empêche de s'attacher : le peu d'attention que l'on apporte à la propreté de la peau sur laquelle on doit les appliquer y contribue aussi beaucoup. La nature de la sueur nous est assez connue pour nous permettre d'avancer que cette substance doit avoir une action chimique très-marquée sur les papilles nerveuses de la bouche de la sangsue : cependant, l'état de ce ver doit aussi être pris en considération dans cette circonstance; il arrive que les sangsues sont quelquefois réellement impropres à la succion. Des plaintes graves à ce sujet ont même été portées à la Préfecture de Police, qui a consulté à cet égard le Conseil de salubrité de Paris. MM. Pelletier et Huzard fils ont été nommés pour s'occuper de cet objet, et l'Académie royale des Sciences de l'Institut a adopté les conclusions de leur rapport roulant sur les deux questions suivantes :

Première question. Quelle est la cause qui détermine quelquefois les plaies produites par les sangsues à s'envenimer?

Deuxième question. Pourquoi les sangsues refusent-elles quelquefois de mordre sur la peau?

Conclusions. Si les plaies produites par les sangsues s'enveniment quelquefois, cela est dû au tempérament du malade ou à la nature de la maladie.

Si les sangsues refusent de mordre sur la peau, c'est qu'au lieu d'employer des sangsues qui ont des dents, on emploie celles qui en sont privées.

Ces conclusions, soumises au jugement de l'Académie, sont assurément fort justes; l'on peut encore y ajouter cependant que le tempérament du malade et la nature de la maladie ne sont pas les seules causes qui déterminent l'inflammation de la plaie, car cette inflammation, regardée comme venimeuse, est encore provoquée par la station dans l'intérieur de la plaie d'une ou de plusieurs dents de la sangsue, ce qui peut avoir lieu quand, au lieu de laisser la sangsue se détacher librement de la peau, on l'en sépare par une traction subite; ou encore quand l'animal, contenant du sang putréfié ou une autre liqueur en même état, vient à en introduire une certaine quantité dans la plaie qu'il a faite. Nous avons fait voir précédemment que Vitet a émis, après l'avoir observé, que la substance liquide souvent contenue dans le canal alimentaire répandait quelquefois une odeur de putréfaction animale. Nous avons appliqué cette matière en quantité extrêmement petite sur des plaies nouvelles de sangsues bien choisies et bien saines : cette application a provoqué une inflammation assez considérable de ces plaies ; tandis que d'autres piqûres faites par les mêmes sangsues, et sur lesquelles on n'avait pas mis cette matière, se sont cicatrisées avec une très-grande promptitude.

Nous avons fait prendre des sangsues, et pendant qu'elles opéraient la succion, nous les avons arrachées brusquement : par là, nous avons acquis la certitude que les dents qui restaient dans les plaies produisaient l'inflammation de celles-ci, qui devenaient très-difficiles à guérir, et laissaient une cicatrice visible pendant un laps de temps assez considérable, ce qui n'arrivait pas aux plaies dans lesquelles on avait introduit de la matière putréfiée en question, bien qu'elles présentassent d'abord des caractères plus graves d'inflammation. D'après ce que nous venons de faire observer, les cicatrices ou marques persistantes de la piqûre des sangsues , qui se laissent voir quelquefois plusieurs années après l'application de ces animaux, ne seraient-elles pas l'effet de la station dans la plaie des dents ou d'une partie des dents qui ont servi à faire l'ouverture par où s'écoule le sang?

Une méthode d'application de la sangsue qui, sans être préjudiciable, n'offre rien d'avantageux, est celle qui prescrit de frotter la place où l'on veut que les sangsues mordent avec du sang , ou de l'eau sucrée , de la crême, du lait, etc., dans l'intention de leur présenter un appât propre à les faire prendre avec célérité. A la vérité, l'on a remarqué que les sangsues s'attachaient quelquefois plus promptement par ce moyen; mais c'est plutôt la souplesse que la peau a acquise en se débarrassant de la sueur desséchée qui adhère à sa surface qui en est la cause , que la saveur des substances dont la peau a été enduite. Si, au lieu d'employer du lait, ou du sang, ou de l'eau sucrée, l'on emploie de la crême , jamais on n'a les mêmes résultats; les sangsues ne s'attachant qu'avec beaucoup de difficulté aux endroits onctueux.

L'on a vu cependant, disons-le en passant, que les sangsues s'attachent assez vite quand on les applique sur une surface du corps que

l'on a couverte d'une légère couche d'eau sucrée assez consistante, ou de sang épais : **dans
ce cas**, nous pensons que ces substances n'a-
gissent que comme permettant à la ventouse **de**
s'accoler plus parfaitement, en s'opposant à **la**
communication de l'intérieur de la ventouse
avec l'air ambiant, ou en faisant, par rapport à
cette ventouse, l'office du suif ou de l'axonge
dont on enduit toujours le plateau de **la ma-**
chine pneumatique et les bords du récipient,
dans la même intention : la sangsue s'applique
plus facilement; mais rarement alors ses **dents**
font-elles leur office, se trouvant en **contact**
avec un corps autre que la peau.

Le plus sûr moyen de faire prendre les
sangsues, c'est d'adoucir la peau et de la bien
débarrasser de la sueur desséchée à sa surface :
pour y parvenir facilement, l'on se sert d'une
dissolution de savon, qui dissout parfaitement
cette matière, ensuite d'eau tiède. La peau se
sèche alors au moyen d'un linge doux et fin.

Les sangsues que l'on veut appliquer doivent être bien saines et bien choisies, de
moyenne grosseur, celles qui sont trop grosses
étant assez souvent dépourvues de dents; l'on
doit les retirer quelque temps auparavant de
l'eau, non pour les faire *dégorger*, comme **on**
le dit communément, mais afin qu'elles s'habi-

tuent peu à peu à l'influence de l'air, et même à la température de l'appartement où se trouve le malade : alors on met dans un godet de cristal une pièce double de toile fine, de manière à ce que les bords sortent ; les sangsues se placent dans la concavité du godet ainsi doublé de toile, et l'appareil s'applique à l'endroit désigné. Ne pouvant se fixer à la surface lisse du godet, et la toile ne permettant pas une fixation bien solide à cause de ses mailles, qui laissent circuler l'air, les sangsues sont en quelque sorte obligées de ne s'attacher qu'à la peau qui leur est présentée : aussi ce moyen est-il presqu'infaillible quand on emploie des sangsues d'une bonne qualité.

Quand la peau du malade est enflammée et brûlante, ce qui a lieu dans certaines maladies, la fièvre inflammatoire, par exemple (1), il est

---

(1) Je n'entends pas, par cette expression presque populaire de *peau enflammée*, me ranger au nombre de ceux qui pensent que, dans différentes affections morbides, le sang est *échauffé*, *enflammé*, *brûlé*, et même *calciné*, comme nous le dit M. le professeur Richerand dans son ouvrage sur les erreurs populaires relatives à la médecine. Nous savons parfaitement, avec ce savant, que la température de nos humeurs ne monte jamais d'une manière bien sensible ; qu'elle est habituellement à $32° + 0$; que beaucoup au-dessus, les

nécessaire d'amener les sangsues que l'on doit appliquer à la température de 24 à 30° +0, en versant de l'eau tiède dans l'eau dans laquelle elles se trouvent. Cette addition d'eau chaude doit se faire avec précaution, en versant l'eau par filets, pour éviter la transition, et plongeant dans cette même eau le verre ou godet, ainsi que le linge, que l'on plie en deux ou trois doubles.

Il est des cas où les sangsues ne peuvent se poser plusieurs ensemble. Quand on veut les appliquer dans l'intérieur de la bouche, aux gencives, à la veine ranine, l'on est obligé de les y appliquer en les tenant une à une entre les doigts, après avoir fait laver la bouche du malade à plusieurs eaux si la chose est possible.

Divers instrumens out été mis en usage pour faciliter l'application des sangsues. L'on a même été jusqu'à inventer un instrument particulier, dont le but était de remplacer la sangsue. Il y a deux ou trois ans que cet instrument, modifié, a reçu en Angleterre le nom de *sangsue artificielle* (*artificial leech*, *Technical Repository*). Ce petit appareil assez compliqué est

---

parties albumineuses des fluides obstrueraient les propres vaisseaux de ceux-ci en se coagulant, et provoqueraient la mort.

principalement composé d'une ventouse en verre, et d'un corps de pompe en cuivre avec le piston de même métal, de petites lancettes en damas qui remplacent les dents de la sangsue. Ces lancettes sont à détentes, et disposées entr'elles de manière à produire une plaie triangulaire.

Schwilgué, dans son traité de Matière médicale, donne la description d'un instrument destiné à appliquer la sangsue, qui est de Lœfler : c'est un cylindre d'os creux intérieurement, et partagé longitudinalement en deux parties de même diamètre. La sangsue s'introduit dans ce cylindre, et s'y maintient par la pression des deux parties, qui entrent, à la manière d'un porte-crayon, dans un autre cylindre plus large et beaucoup moins long.

Bruninghausen emploie une autre espèce d'instrument au même usage. Cet instrument est formé par un tube de verre blanc, de la longueur de 13 à 14 centimètres, de la largeur de 10 à 15 millimètres, dont les deux extrémités sont ouvertes et polies. Un piston, qui glisse facilement dans toute l'étendue longitudinale du tube, y est adapté. La sangsue que l'on a introduite dans le tube se pousse au moyen du piston, jusqu'à ce qu'elle soit assez rapprochée de l'endroit où elle doit opérer la succion. Ce procédé pour l'application des sangsues convient surtout, comme le remarque l'auteur, dans le cas où l'on doit appliquer ces animaux aux gencives et aux yeux.

Ce petit instrument de Bruninghausen, MM. Delaroche et Brewer l'ont modifié en perçant son piston sur la longueur d'un trou propre à entretenir une communication de l'air extérieur avec l'air intérieur.

Quelques praticiens anglais, au lieu des godets en question, se servent d'une petite cage de toile métallique dans laquelle ils placent les sangsues.

Enfin, un instrument plus compliqué, destiné au même usage, a été mis au jour; mais les bons effets que la théorie permettait de penser que l'on en tirerait n'ont point eu lieu à la pratique. Voici la description de cet instrument, dont le pouvoir est basé sur l'observation que l'on a faite que les sangsues s'attachent plus promptement dans le vide ou dans un air convenablement raréfié, qu'à l'air même : ce que l'on peut observer au premier coup de piston de la pompe pneumatique, quand on a placé sous le récipient quelques-uns de ces animaux.

Cet instrument, dont la grandeur peut varier, se compose d'une partie de tube de verre d'un même diamètre en tous sens, constamment de plus d'un pouce, ou d'un petit verre à liqueur dont on a enlevé le fond, et d'une boîte mince de métal qui y est adaptée, de manière à former une autre partie du tube. Cette boîte, assez allongée, a le fond qui communique au tube de verre percé de petits trous ; l'extrémité qui fait saillie au dehors de ce tube est munie d'un couvercle qui s'emboîte parfaitement, ou mieux encore qui s'adapte à la boîte au moyen de quelques pas de vis. Le tout ainsi disposé, le fond percé de trous de la boîte de métal sert aussi de fond au godet que forme la partie du tube en verre.

Lorsque l'on veut se servir de cet instrument pour appliquer les sangsues, on dépose un certain nombre de ces animaux dans le godet en verre ; on applique celui-ci à l'endroit prescrit en appuyant un peu, et au même instant on introduit dans la boîte quelques mèches de papier enflammées : le couvercle se met aussitôt sur la boîte.

L'effet ordinaire de la ventouse étant produit, c'est-à-dire, le godet qui renferme les sangsues étant solidement fixé, les vers s'appliquent aussitôt ; mais nous avons remarqué avec beaucoup d'autres qu'il n'y avait dans ce cas qu'une simple application de la ventouse de l'animal, que presque jamais les sangsues ne mordent, bien qu'elles aient été choisies comme les plus propres à la succion, et nous croyons en apercevoir la cause dans la transition que ces animaux éprouvent par le contact subit d'une température assez élevée. Si cet appareil présentait un avantage palpable, il serait donc urgent de substituer à la boîte de métal une pompe à soupape qui permettrait de raréfier l'air sans augmenter la température ; mais nous pensons que l'avantage qu'on en a quelquefois retiré n'est qu'accidentel, ou peut-être illusoire. Nous n'avons fait figurer ici cet instrument, qui est bien loin d'être généralement connu, que pour en donner une idée.

Quand c'est à l'anus que l'on doit appliquer les sangsues, il faut avoir soin de bien laver cette place, pour qu'elle soit, autant que possible, nette et amollie : dans le cas contraire, l'on éprouve toujours de grandes difficultés à y faire prendre les sangsues ; il est même quelquefois très-urgent de raser les endroits environnans, dont les poils rudes, en frôlant les sangsues quand celles-ci sont attachées, les irritent et les font promptement tomber.

Tels sont à-peu-près les divers moyens employés pour l'application des sangsues ; il nous reste à dire quelques mots sur les précautions qui doivent succéder à cette application.

Pendant l'acte de la succion, il faut surtout éviter de toucher les sangsues, parce qu'elles tomberaient aussitôt ; l'on doit aussi avoir soin de ne pas tenir le malade trop près du feu, une chaleur un peu vive suffisant aussi pour les faire tomber.

Souvent les sangsues se détachent subitement et l'on n'en trouve pas la cause, qui, presque toujours, est, à la vérité, imperceptible, car il faut la moindre chose pour provoquer l'irritation des organes extérieurs de la sangsue : la plus petite quantité de tabac suffit pour cela, et l'on sait que les personnes qui en font usage en ont toujours, sur leurs vêtemens ou dans leur lit, une portion assez notable et suffisante pour produire cet effet.

Il en est de même de certains gaz ou de certaines vapeurs acides. Si l'on brûle du soufre à quelque distance de l'endroit où les sangsues sont appliquées, l'action du gaz acide sulfureux fait qu'elles se contractent et qu'elles lâchent leur proie. Le vinaigre que l'on réduit en vapeur en le versant sur une plaque de fer rouge jouit aussi de la même propriété : il faut donc ne jamais enflammer d'allumettes dans les appartemens des malades

auxquels on a posé les sangsues : il ne faut pas
plus user de ce prétendu moyen de sanifier
l'air en répandant des vapeurs acéteuses dans
ces appartemens. La fumée de tabac produit
quelquefois de semblables effets.

Les sangsues souvent prennent sur la peau
avec beaucoup de facilité quand celle-ci vient
d'être lavée et soigneusement débarrassée de
la sueur ; mais lorsque la transpiration se rétablit,
les sangsues tombent : l'on observe particulièrement cet effet quand on applique un bon
nombre de sangsues à la fois , l'affaiblissement
momentané du malade provoquant alors une
transpiration abondante.

Les malades qui suivent un traitement sulfureux interne ou externe ont aussi le désa-
vantage de ne pas permettre l'application des
sangsues , l'exhalation cutanée qu'ils produisent en abondance contenant toujours de l'hy-
drogène sulfuré (1).

L'on voit qu'il est bien des précautions à
prendre, tant pour appliquer les sangsues, que
pour les maintenir fixées sur la peau. C'est
donc une grande erreur que d'accuser les sangsues d'être de mauvaise qualité ou d'avoir
servi, parce que souvent elles ne veulent pas

---

(1) Gaz acide hydro-sulfurique.

mordre ; et en effet , l'on voit chaque jour de certains chirurgiens ou médecins, pour qui ces causes sont véritablement occultes, rejeter la faute sur le pharmacien qui a vendu les sangsues , et couvrir ainsi leur ignorance sous le perfide voile de la détraction.

On doit laisser tomber les sangsues d'elles-mêmes : nous avons démontré plus haut les inconvéniens de les arracher ou de provoquer leur chute par des topiques irritans, ou en les coupant en deux, comme cela se pratique assez ordinairement.

Les sangsues qui se sont détachées d'elles-mêmes de la peau peuvent encore servir au besoin, parce qu'elles restent munies de leurs dents. Il s'agit, après la succion, de les mettre dans une eau légèrement salée, pour leur faire rendre tout le sang qu'elles ont pris. Il n'en est pas de même de celles que l'on a détachées par un moyen violent : presque toujours elles laissent leurs dents dans la plaie (1). On a vu

---

(1) Les dents de la sangsue sont si flexibles qu'elles se brisent facilement ; il en est de même de l'aiguillon de la guêpe. Réaumur, dans un Mémoire lu à l'Académie des Sciences, en 1719, dit et assure que l'aiguillon ne demeure jamais dans la plaie quand on se laisse piquer paisiblement, qu'il n'y reste que quand on force la mouche à se retirer brusquement.

des sangsues que l'on faisait chaque fois dégorger avec précaution, resservir six à sept fois
avec le même succès.

On n'est pas d'accord sur la quantité de
sang que peut tirer une sangsue d'un poids ou
d'une dimension donnée : cependant l'on peut
assurer, jusqu'à un certain point, qu'une sangsue de moyenne grosseur, pesant 4 grammes,
tire 28 à 30 grammes de sang ; que celles qui
sont beaucoup plus grosses n'en tirent pas le
poids que le calcul permettrait de penser
qu'elles pussent tirer ; ce qui tient sans doute
au développement considérable de leurs muscles, qui sont plus épais chez ces vers à une
certaine époque de leur vie.

Le sang continue toujours son écoulement
après la chute de la sangsue. Le médecin, suivant
les cas, prescrit la durée de cet écoulement, que
l'on peut accélérer de beaucoup en bassinant
très-doucement les plaies avec une éponge fine
et de l'eau tiède, ou en les exposant à la vapeur condensée de l'eau (1), lorsque l'endroit
où elles ont été faites le permet sans mettre le
malade à la gêne.

___

(1) La vapeur de l'eau, visible en nuage blanc,
étant une vapeur réellement condensée à un certain
point, j'ai cru devoir employer cette expression.

Assez souvent l'on a beaucoup de peine à arrêter l'écoulement du sang, surtout quand les plaies ont été faites par de fort grosses sangsues. Dans cette circonstance, l'on a recours à différentes substances dont les propriétés sont assez fréquemment trouvées en défaut. On a vu des accidens graves résulter de ces écoulemens trop prolongés : aussi un de nos célèbres médecins, professeur de l'École de Médecine de Paris, appelé dans un cas semblable, n'hésita-t-il point à cautériser les plaies au moyen d'une clef rougie au feu, moyen dont la réussite est toujours infaillible.

La râpure d'amadou, la charpie fine (1), la

____

(1) Les Anglais emploient simplement de la charpie ; mais il est bon de dire que leur charpie n'est pas, comme la nôtre, formée de fils entiers de vieille toile ; elle est faite de toile fine et neuve, cardée et foulée, et est plus propre à former des tentes, des plumasseaux, des bourdonnets, etc.

Parmi les accidens nombreux qui viennent à l'appui de ce que nous venons de dire sur les dangers d'un écoulement de sang produit par la morsure des sangsues, je citerai le fait suivant, qui m'est connu.

Un officier de santé de la campagne ayant prescrit l'application de sangsues à une jeune villageoise de quinze ans, et s'étant retiré après l'application de celles-ci, sans indiquer ni le temps que devait durer l'écoulement du sang, ni les moyens d'arrêter l'hémor-

râpure de vieux feutre, arrêtent quelquefois l'écoulement du sang, en obstruant l'orifice des petites plaies; la résine de pin en poudre s'agglomère aussi autour des plaies par la chaleur et les bouche; la gomme arabique en poudre produit le même effet, et a l'avantage sur la résine de ne pas salir la peau en y formant une croûte sur laquelle l'eau n'a aucune action, croûte qui devient toujours très-douloureuse pour le malade, parce que l'on est en quelque sorte obligé de l'arracher par partie, ce qui produit l'évulsion des petits poils qui recouvrent la peau, et par conséquent une douleur très-aiguë.

---

rhagie, il s'ensuivit que les sangsues, qui avaient été posées au cou au nombre de quinze ou dix-huit, s'étant bien gorgées, se détachèrent, et que le sang continua de couler avec abondance pendant sept à huit heures. Tous les moyens ordinaires furent mis en usage pour étancher le sang : il n'y avait que la cautérisation et peut-être la ligature des plaies au moyen desquelles on eût pu y parvenir : malheureusement ces moyens, totalement du ressort de la chirurgie, ne purent être employés.... L'on connaît le peu de ressources qu'offre la campagne ; c'est en vain que l'on chercha le chirurgien, que des occupations retenaient en d'autres lieux, et la malheureuse fille, exsanguine, périt bientôt, entourée alors des secours de l'art trop tardifs dans cette occurrence.

L'hémorrhagie que détermine la piqûre des sangsues s'arrête encore au moyen des acides affaiblis, qui coagulent le sang prêt à sortir de la plaie, qui se trouve aussi bouchée comme par les corps précédens (1). C'est une eau acidulée par le vinaigre, l'acide sulfurique, que l'on emploie ordinairement, ou une solution de sulfate acide d'alumine dans l'eau. L'alcool s'emploie aussi dans cette circonstance.

Quelques médecins, et l'on voit ce moyen réussir assez souvent, font appliquer sur les plaies saignantes du son bien chaud renfermé dans un petit sac de toile fine, ou simplement quelques doubles de toile bien chauffée.

Quand les sangsues se détachent de l'endroit où on les a fait prendre, et qu'elles s'introduisent dans les conduits muqueux qui s'ouvrent au dehors, elles peuvent faire de très - grands

______

(1) Je pense que l'on peut expliquer cet effet d'une manière autre que par la coagulation du sang. N'est-ce pas plutôt l'irritation produite par l'application des acides sur la partie déjà irritée par la piqûre qui provoque une fluxion qui, augmentant le volume des bords de la plaie, contraint le sang à ne plus s'écouler?

L'on se sert aussi de la potasse caustique, du nitrate d'argent fondu, et du chlorure d'antimoine dans le même cas; mais ces escarrhotiques demandent d'être employés avec beaucoup de circonspection.

ravages ; car , s'il est facile, par des injections d'eau acidule ou salée , de faire qu'elles se détachent des organes auxquels elles ont pris, il n'est pas aussi facile, dans ce cas , d'arrêter l'hémorrhagie qui peut s'ensuivre. On a l'exemple d'accidens graves causés par l'inadvertance d'une garde-malade qui avait été chargée de poser quelques sangsues aux gencives d'un jeune enfant dans l'âge de la dentition. Deux de ces animaux fort petits s'étant introduits dans l'arrière-bouche et s'y étant fixés, se gorgèrent de sang , au point que le malade ne pouvait plus respirer qu'avec difficulté. Tous les moyens furent mis en usage pour faire lâcher prise à ces animaux, mais vainement, l'enfant s'opposant toujours , en serrant fortement les mâchoires, à l'introduction des liquides que l'on tentait d'employer. Ce ne fut qu'après que ces animaux se furent bien gorgés de sang qu'ils se détachèrent. L'hémorrhagie dura plus de deux heures après.

Un autre accident non moins grave eut lieu chez un jeune homme à qui l'on avait appliqué des sangsues à l'anus. Un de ces vers s'étant introduit dans le rectum sans que le malade s'en aperçût, y fit à l'instant plusieurs piqûres. Des lavemens d'eau salée furent administrés quelques heures après, et l'animal fut rejeté

(141)

au dehors. Les plaies produites par les piqûres
ne se guérirent qu'au bout de quelques mois,
durant lesquels le malade souffrit considérablement, et rendit constamment du sang mélangé
aux matières stercorales.

Nous pourrions encore citer des accidens à-
peu-près semblables; mais revenons aux moyens
à employer pour arrêter l'hémorrhagie en question.

Après l'agaric (1), la charpie, les acides, le
cautère actuel, il reste la ligature des plaies et
la compression immédiate ou médiate, suivant
que le requiert le cas. Ce dernier moyen (la
compression) ne peut pas toujours s'effectuer ;
il n'y a que les endroits qui peuvent se comprimer fortement qui le permettent, quelques
parties des membres ou la tête. Quand on applique les sangsues à cette dernière, il arrive
quelquefois que ces animaux piquent les ra-
mifications de l'artère temporale : alors on peut
user de ce moyen, l'endroit procurant un point

____

(1) A propos d'agaric, il faut avoir soin de ne se servir
que du *boletus igniarius* de Linné, des officines. Celui-
ci n'a subi aucune préparation, tandis que l'agaric qui
se vend chez les épiciers, sous le nom d'*amadou*, a été
trempé dans une dissolution assez concentrée de nitrate
de potasse, ce qui le rend d'une combustion plus facile
et impropre dans ce cas.

de résistance assez considérable pour balancer la compression. A la surface des membres cette compression peut s'exercer avec un bandage compressif.

Si le siége de l'hémorrhagie se trouvait au cou, on ne pourrait assurément employer ces moyens; mais il est à remarquer que presque tous les endroits du corps qui s'opposent à la compression sont ceux qui permettent le plus la ligature des plaies, qui peut facilement se faire en se servant d'une pince à disséquer.

L'inflammation des plaies faites par la morsure des sangsues demande un traitement limité, selon la force en plus ou en moins de l'irritation. Cette inflammation, sans être dangereuse, est très-désagréable, à cause du prurit insupportable qu'elle procure au malade. Cependant il est des cas, comme on le sait, où le développement de la phlegmasie locale a suivi les phlegmasies cutanées par cause externe : c'est ce qu'il faut détourner autant que possible, par l'application souvent réitérée du vinaigre, d'une dissolution d'hydro-chlorate d'ammoniaque, etc. De célèbres médecins anglais prescrivent d'employer dans ce cas une sorte d'embrocation composée de parties égales d'une solution d'acétate d'ammoniaque et d'alcool camphré, avec un centième de teinture d'opium (1), ou des cataplasmes émolliens. On se sert aussi fréquemment des solutions d'acétate de plomb, de sulfate de fer, etc., etc. Nous ne dirons rien des accidens qui peuvent survenir aux plaies après qu'on en a fait la compression, la ligature, ou qu'on les a cautérisées, ce traitement rentrant entièrement dans le domaine de la chirurgie.

Les plaies qui ont été suivies d'inflammation présentent souvent une cicatrice assez large, informe, et une coloration partielle de la peau qui résiste très-long-temps. Celles qui se sont guéries naturellement n'ont pas les mêmes caractères ; elles restent rouges pendant un certain temps, brunissent ensuite. Ces ecchymoses enfin finissent par n'offrir qu'une cicatrice triangulaire, apparente pendant un laps de temps assez considérable, quand surtout les morsures ont été faites dans les endroits du corps ordinairement recouverts par les vêtemens. Quand c'est au visage, aux yeux, par exemple, que les sangsues ont été posées, les cicatrices qui

―――――――――――

(1) La teinture d'opium de la pharmacopée de Londres se fait en laissant macérer pendant quatorze jours deux onces d'opium avec un litre d'esprit-de-vin rectifié. (*The Pharmacopeia of the royal College of physicians of London.*

résultent des plaies sont moins persistantes ; elles durent toutefois plusieurs mois, et ne disparaissent d'une manière absolue qu'après quelques années.

D'après ce que nous venons de dire de l'application médicale des sangsues, il est facile de se convaincre de cette vérité, que cette opération, pour être faite avec avantage, ne doit être confiée qu'à des mains habiles, et non à des personnes étrangères à l'art si précieux de la chirurgie : ce n'est pourtant pas ce à quoi l'on s'attache ; le médecin prescrit des sangsues, mais souvent il se borne à cette prescription : le malade se les appliquera-t-il lui-même, les personnes qui l'entourent les lui poseront-elles, ou aura-t-on recours pour cette opération à celui qui doit prévaloir par droit de profession ? Aussi arrive-t-il presque toujours que le malade, rebuté par la lenteur avec laquelle les sangsues s'attachent, abandonne ce moyen de traitement en maudissant les sangsues, et cherchant des raisons dans les préjugés que ces animaux ont fait naître, comme tout ce qui est éminemment utile ; et à cette occasion il n'est point que l'homme vulgaire qui soit plongé dans l'erreur, les gens du monde instruits le sont plus profondément encore par rapport à ce qui regarde la médecine, car voulant toujours se rendre compte de ce qui les frappe, ils se créent des théories aveugles qu'ils croient suffisamment raisonnables, et parent ainsi la désastreuse erreur des saintes couleurs de la vérité. C'est d'eux encore que dépendent les réputations, ces titres vains que le hasard a le pouvoir d'élever ou d'anéantir. Nous voyons enfin tous les jours des hommes de bien accorder une confiance illimitée à des médicamens absurdes, et grossir le nombre des certificats de propriétés, échafaud de l'empirique plus solide mille fois que les titres scientifiques acquis au détriment de la santé et de la fortune, après de longues et pénibles études. En effet, quel raisonnement fera-t-il, l'homme même érudit mais étranger aux sciences médicales, si, portant ses idées sur l'emploi des sangsues, il veut expliquer comment ces animaux agissent pour changer l'état morbifique des individus : *c'est en tirant le mauvais sang, se dira-t-il*, d'où il conclura, comme je l'ai entendu de la bouche d'un homme sensé et célèbre dans les lettres, que c'est improprement que l'on applique des sangsues aux enfans, car ceux-ci, pour me servir de ses expressions, *ne peuvent avoir le sang gâté.*

L'empire des préjugés s'étend encore plus avant. Il est de toute véracité que l'on peut

mourir exsanguin après une hémorrhagie produite par la morsure des sangsues. Nous en
avons des preuves; mais l'erreur a bien plus
d'exemples que nous à donner à cet égard;
elle accuse chaque jour les sangsues d'être
cause de la mort de tel ou tel individu, parce
qu'il a succombé après l'application de ces animaux, comme le père accuse la vaccine, parce
qu'un fils chéri lui a été enlevé par une cause
qui n'a aucun rapport avec cette belle et admi-
rable découverte, peu de temps après que la
science l'eut mis à l'abri du plus cruel fléau
en le vaccinant. Il faut un cas extraordinaire,
un empoisonnement, en quelque sorte, pour
que le public jette la cause de la mort sur les
médicamens internes proprement dits, parce
que le temps semble avoir écarté d'eux tous
les préjugés; il ne faut que le moindre accident, réel ou faux, pour qu'il condamne aveu-
glément les sangsues ou la vaccine. En sera-t-il
de même quand l'usage de ces moyens thérapeutiques aura traversé les siècles? que, comme
aujourd'hui, on ne pourra plus dire : *ce sont des
moyens nouveaux ?*

Nous terminerons ici notre travail. En ache-
vant notre tâche, nous ajouterons, dans le
dessein de mettre nos lecteurs au niveau de ce
que l'on a écrit sur les sangsues, que tout ré-

cemment le docteur Caréna a publié, dans le vingt-cinquième volume des Mémoires de l'Académie de Turin, une monographie du genre *hirudo*, qu'il divise en dix espèces distinctes dont voici le dénombrement :

1°. *Hirudo medicinalis ;*

2°. *Hirudo provincialis ;*

3°. *Hirudo verbena ;*

4°. *Hirudo sanguisuga ;*

5°. *Hirudo vulgaris ;*

6°. *Hirudo atomarta ;*

7°. *Hirudo complanata ;*

8°. *Hirudo cephalata ;*

9°. *Hirudo bioculata ;*

10°. *Hirudo trioculata.*

Les descriptions de ces vers sont accompagnées de remarques sur les habitudes et les mœurs de ces animaux. Nous regrettons de ne connaître que le titre de ce travail, qui aurait pu jeter sans doute quelque jour sur le nôtre et nous permettre de faire concorder les espèces admises par l'auteur avec celles que Linné a décrites et que nous avons prises pour point de départ, bien que nous croyions que l'abus des nomenclatures en histoire naturelle soit plutôt le sujet d'une diffusion qu'un moyen de rendre la science plus accessible ; c'est même, disons-le en passant, cette idée que nous nous sommes faite déjà qui nous a fait adopter Linné de préférence et comme type. Ne nous aurait-il pas fallu consacrer beaucoup de pages, en effet, à la concordance synonymique des noms des différentes espèces de sangsues, pour assigner à ces vers des noms propres à ne point permettre de les confondre les uns avec les autres? Nous avions à passer en revue la nomenclature de Linné, celle de Muller, celle de M. Savigny, et enfin celle du professeur Caréna.

FIN.

~~~~~~

EXPLICATION DES FIGURES ET NOTES.

———

Dents de la Sangsue.

FIGURE PREMIÈRE. Dent de la sangsue officinale :
c'est, comme nous l'avons déjà dit , une sorte de vessie
qui, vue au microscope, paraît être une petite partie
de râpure d'ivoire : si l'on souffle dessus, l'on s'aperçoit
qu'elle se gonfle singulièrement : alors elle est sous
forme conique très-pointue, comme on la voit en *A*.

B. Base du cône qui laisse voir l'intérieur de la
dent : il est dentelé , parce qu'il est impossible de
séparer la dent, en entier et sans déchirures , de la
partie sur laquelle elle est implantée.

FIG. 2e. *C*. Représente l'une des trois mâchoires
de la sangsue , sur laquelle sont implantées les portions de la dent qui manquent à celle de la figure
première.

FIG. 3e. *D*. Même mâchoire vue sur un seul côté.

FIG. 4e. *E*. Dent vésiculeuse de la sangsue noire.
L'on voit par sa forme que , lorsqu'elle a été entièrement introduite dans la plaie, elle ne doit pas pouvoir librement en sortir, à cause des deux renflemens qui se trouvent à la base du cône qui forme
cette dent.

On doit remarquer ici que les sangsues, parvenues
~~~~~~

à un certain âge , perdent leurs dents. L'on peut se convaincre de cette vérité en disséquant une grosse sangsue : alors, au lieu de trouver implantées sur les mâchoires de cet animal trois dents vésiculeuses, l'on n'y trouve que les déchirures dentelées que nous avons simulées fig. 2ᵉ et fig. 3ᵉ. C'est sans doute ce reste de la denture que l'on a pris souvent pour la denture même , composée d'un nombre plus ou moins considérable de dents ; mais une inspection bien exacte de ces denticules nous démontre qu'il serait impossible que de si faibles armes pussent percer la peau ; premièrement parce qu'elles sont trop flexibles , secondement parce que leur longueur n'équivaut pas à l'épaisseur de la peau.

Organes les plus apparens de l'hirudo officinalis.

Fɪɢ. 4ᶜ *bis. A*. Ventouse capitale ou disque incomplet en fer à cheval , ouvert de manière à laisser voir l'emplacement des trois dents de la sangsue. Ce disque , comme on le voit , est formé de muscles divergens réunis.

B. Disque ou ventouse inférieure , formée aussi de muscles rayonnés et soudés ensemble : c'est un disque complet.

C. Dents de la sangsue.

D. Mâchoires ou réceptacles sur lesquels les dents sont implantées. Il est impossible de séparer entièrement les dents de ces mâchoires. Quand on les arrache, elles y laissent une portion de la substance qui les forme. C'est cette portion frangée que l'on observe à la figure 2ᵉ, planche 1ʳᵉ.

E. OEsophage.

F et *G*. Organes génitaux. Ces organes, supposés génitaux, ne servent point tous deux, selon nous, à la génération, bien que dans le cours de notre ouvrage nous ayons fait la description de l'appareil masculin et de l'appareil féminin. Nous pensons que l'appareil masculin est le fil blanchâtre qui paraît, à une certaine époque de l'année, sortir de l'abdomen de l'animal : c'est ce fil que nous simulons en *h*. Dans ce cas, la partie *g* serait l'appareil féminin, et nous regarderions la partie *f* comme siége principal des organes respiratoires.

H. Fil blanchâtre qui sort d'un orifice particulier, que l'on a regardé comme un anus. Les fonctions de ce fil n'étant pas constatées, nous ne pouvons lui assigner de dénomination.

I. Sac spiraloïde placé entre les cœcum et laissant ceux-ci, un peu au-dessous, se joindre au disque inférieur. Immédiatement sous cette cavité stomacale est placé le rectum, ou au moins un organe que l'on peut considérer comme tel.

J. Naissance de l'estomac, qui se divise en plusieurs poches.

K. Estomac se séparant en deux cœcum.

LLL. Orifices des poches de l'estomac. Ces ouvertures sont constamment réunies deux à deux pour chaque division de l'estomac.

L'on n'a pu représenter ici une ouverture qui se

trouve à la partie supérieure ou dos de la sangsue, et qui est placée un peu au-dessus du disque. Cette ouverture, plus visible que l'orifice *h* (que l'on voit avec beaucoup de peine), communique avec le rectum.

Nous avons décrit les différens organes de la sangsue; mais il n'est guère que les dents qui permettent une application de propriété irrévocable; on a attribué aux autres organes des fonctions qui ne leur appartiennent peut-être pas. Quoi qu'il en soit, l'on a assigné à chacun de ces organes les fonctions qu'il paraît plus raisonnablement remplir.

Appareil pour prouver la respiration des sangsues.

Fig. 5. Appareil pour prouver la respiration des sangsues. Il peut s'employer pour constater en général la respiration des insectes : il est composé comme il suit :

A. Ballon de verre d'une capacité proportionnée aux sangsues qu'il doit renfermer. On se sert d'un ballon à entonnoir en cuivre *B*. Cet entonnoir, à vis, engrène ses pas dans une garniture aussi en cuivre qui entoure le col du ballon.

L'entonnoir reçoit à sa gorge et à frottement un tube de verre dépoli à l'extrémité qui doit s'engaîner. Ce tube *c c c* forme deux coudes. Ses deux extrémités, dont l'une est graduée, plongent, comme on le voit, l'une dans l'entonnoir, l'autre dans le vase *D*, où l'on met de l'eau.

L'entonnoir *B* s'emplit aussi d'eau pour empêcher la moindre communication entre l'air extérieur et celui du ballon. Le ballon est soutenu par un support *E E*.

Le but de cet appareil n'étant pas de déterminer la quantité d'air employé dans l'acte de la respiration des sangsues, mais seulement de prouver que ces animaux respirent réellement, il est inutile de graduer précisément le tube d'après le contenu du ballon.

Dans cette expérience, il ne faut compter comme air employé qu'à partir de quelques degrés au-dessus du degré de l'extrémité de l'échelle, parce que l'eau monte d'abord dans le tube en comprimant l'air par sa pesanteur. Cet effet étant presqu'immédiat, l'on s'apercevra facilement du degré de départ.

Développemens de la Sangsue.

F**ig**. 6ᵉ. *A*. Capsule de sangsue vulgaire décrite par M. Rayer. Elle est vue à la loupe et grossie de trois à quatre cents fois. Les points blancs que l'on observe au nombre de trois sont des ovules.

F**ig**. 7ᵉ. *B*. La même capsule déjà décrite aussi dans le Mémoire du docteur Rayer. Elle renferme des sangsues parvenues à leur plus haut degré d'accroissement intra-capsulaire, vues à la loupe comme la précédente.

F**ig**. 8ᵉ. *C*. Représente une capsule de l'*hirudo officinalis*, dont une extrémité n'est point encore recouverte de tissu spongieux.

Fɪɢ. 9ᵉ. *D*. Dimension d'une sangsue verte sortie depuis vingt-quatre heures de la capsule.

Fɪɢ. 10ᵉ. *E*. Forme de la même sangsue très-grossie par la loupe.

Fɪɢ. 11ᵉ. *F*. Sangsue grise sortie de la capsule depuis deux jours. Elle est vue à la loupe; ses dimensions naturelles sont un peu plus fortes que celles de la sangsue verte de la figure 9ᵉ.

Nous ajouterons ici à ce que nous avons dit des intéressantes observations du docteur Rayer, que l'on a trouvé dans le tissu spongieux, qui a une disposition hexagonale manifeste, des larves d'insectes diptères; que ces larves se sont presque toujours rencontrées dans ces capsules au mois d'août.

Un autre insecte a encore été trouvé dans le tissu spongieux par M. Rayer. Cet insecte a été reconnu par le professeur Duméril pour un individu du genre *élophore* (1), de la famille des *hélocères* et de l'ordre des *coléoptères*. Les larves se sont aussi rencontrées dans le mucus renfermé dans la cavité de la capsule, sans qu'on ait pu découvrir d'ouvertures par lesquelles elles auraient pu s'introduire.

L'introduction des élophores est certainement fort difficile à concevoir. Comment, en effet, ces animaux peuvent-ils pénétrer dans le tissu spongieux, et de là dans le mucus renfermé dans la cavité de cette capsule ? C'est encore là un appel fait aux natura-

---

(1) Elophore, d'ελος, marais, et de φορυω, je pénètre.

listes sur les bizarreries que présentent les mœurs des insectes de la famille des hélocères.

Fig. 11e *bis*. Sangsue médicinale noire.

Réservoir à mousse.

Fig. 12e. Réservoir dont j'ai donné la description dans le cours de l'ouvrage.

C'est, comme je l'ai dit, un bassin en marbre ou en pierre de taille, ou simplement en chêne, quoique le bois convienne moins à tous égards. Il doit être d'une grandeur proportionnée au nombre de sangsues que l'on veut y déposer, en suivant toujours les proportions des accessoires qui complètent l'appareil *A A A*, caisse oblongue ou bassin.

B. Table de marbre ou de bois, percée de trous circulaires. Cette table ne doit être ni trop mince ni trop épaisse; elle est assujettie dans une coulisse faite à la caisse environ au deuxième tiers de sa hauteur à partir du fond; elle est simplement soutenue par des tringles de bois quand on fait la caisse en chaîne.

C C. Fond de la caisse, sur laquelle on dépose une couche de mousse légèrement pressée par de petits cailloux que l'on y sème.

Sous la mousse l'on a déposé le mélange de charbon de bois en petits fragmens et de tourbe : nous avons expliqué l'utilité de ces deux corps, et nous n'y reviendrons pas.

D. Sorte de cage en toile métallique qui garantit

le robinet des obstructions que pourrait y apporter l'entraînement de la mousse.

E. Robinet placé au bas d'une des parois pour l'écoulement de l'eau.

Ce réservoir doit être placé dans les circonstances que nous avons désignées lui être favorables, en parlant de la conservation des sangsues.

Réservoir à eau courante.

Fɪɢ. 13ᵉ. *A A*. Bassin oblong ou réservoir proprement dit aux sangsues.

B. Cuve dont la grandeur est indéterminée, ou réservoir à l'eau.

Cette cuve peut avoir une capacité plus ou moins grande, en raison de la quantité d'eau que l'on peut se procurer, et surtout en raison du local ou emplacement que l'on peut sacrifier à cet appareil. Ce réservoir à l'eau est placé près de celui aux sangsues, pour que la température de l'eau de l'un et celle de l'eau de l'autre soient égales afin d'éviter les transitions que nous avons dit être si funestes aux sangsues. Il est plus haut que le niveau de l'eau du réservoir aux sangsues, parce qu'il est nécessaire que celle-ci soit continuellement agitée, et c'est précisément ce qui arrive par la chute de l'eau du réservoir ou cuve *B*, qui tombe d'une hauteur convenable en passant à travers une petite cage percée de beaucoup de trous, où elle se divise en petits jets semblables à ceux d'un arrosoir. La cage percée ne doit pas être ronde comme l'orifice du robinet ; elle doit être oblongue comme le bassin , pour que les jets dont nous venons de parler puissent se répartir également sur toute la surface du liquide.

C. Robinet à conduit. Ce conduit est placé tout-à-fait au bas de la cuve , et se prolonge jusqu'au milieu de la longueur du réservoir.

D. Cage en toile métallique dont l'utilité est d'empêcher les sangsues de s'introduire dans la gorge du robinet qui communique avec l'intérieur du bassin.

E. Robinet dont l'ouverture pour l'écoulement de l'eau du bassin doit balancer celle du robinet de la cuve *B*.

F. Châssis sur lequel on a tendu une toile métallique dont les mailles sont telles qu'elles ne doivent point permettre aux sangsues de s'échapper. Il faut aussi avoir soin que cette toile ne soit serrée que de manière à ne pas détourner les jets qui partent du robinet *C*.

G. Grande cuiller à manche long. Elle est faite de toile métallique et sert à ôter les sangsues du réservoir. Une légère courbure ou arc a lieu à la naissance du manche près de la cuiller proprement dite. Cette courbure ne sert qu'à rendre plus facile l'emploi de l'instrument.

H. Issue pour l'écoulement des eaux du réservoir *A A*.

III. Maçonnerie qui supporte les deux réservoirs *A* et *B*.

Le réservoir que nous venons de décrire effraiera sans doute celui qui voudrait le construire, en raison de l'énorme quantité d'eau que l'on doit employer pour avoir un écoulement continuel de ce liquide. Nous aurions dû, pour compléter cette partie de notre travail qui traite du réservoir à eau courante, exposer le calcul de la quantité d'eau employée dans un temps et pour un appareil donnés ; mais la mesure de l'écoulement par divers orifices étant en raison de tant de circonstances, nous aurions trop étendu notre calcul. L'on sait que lorsqu'une masse liquide est limitée en certaines parties, quand, par exemple, elle est contenue dans un vase dont les parois sont résistantes à la force de cette masse, les mouvemens naturels des particules liquides sont gênés par cette résistance ; elles ne peuvent s'écouler ou s'étendre, et de cette contrainte résultent plusieurs conditions générales de mouvement qui appartiennent à toute la masse ; alors la mobilité des particules les unes parmi les autres fait prendre à celle-ci un nombre assez considérable de mouvemens propres, occasionés et modifiés par des causes infiniment petites et souvent invisibles ; ce qui donne au calcul général de ces phénomènes une complication inextricable.

Cependant l'on peut toujours, pour évaluer à-peu-près la quantité d'eau que l'on pourra employer, se rapporter à l'unité qui, dans ce cas des mouvemens des liquides incompressibles, a été appelée *pouce d'eau*.

Le *pouce d'eau* est la quantité d'eau qui, dans

une minute, peut s'écouler d'un orifice circulaire d'un pouce de diamètre, percé dans une paroi verticale très-mince, sous une pression de sept lignes d'eau à partir du centre de l'ouverture ; ce qui exige que l'eau se tienne à huit lignes au-dessus de ce centre (1) dans les parties de la surface les plus éloignées de l'endroit par où l'eau s'écoule, parce qu'il se fait en cet endroit un abaissement local qui peut être évalué à une ligne dans les circonstances assignées.

Ainsi ces conditions posées, il résulte que la quantité d'eau qui coule, en une minute, par un orifice circulaire d'un pouce, est de 28 livres ou 14 pintes, ancienne mesure de Paris ; ce qui équivaut à un cylindre d'eau qui aurait un pouce de diamètre et 880 pouces de longueur.

En supposant donc que l'ouverture du robinet soit d'un pouce, ce qui ne pourrait se faire que dans le cas où l'on aurait un réservoir naturel d'eau convenablement situé.

La quantité d'eau employée en une heure serait 1,680 livres ; ce qui ferait, pour vingt-quatre heures, l'énorme quantité de 40,320 livres d'eau ; ce qui équivaut à 20,160 litres, ou plus de 20 mètres cubes.

On voit, d'après ce que nous venons d'exposer, qu'il est très-essentiel de calculer avant que d'entreprendre. La quantité d'eau qui pourra s'échap-

---

(1) Chose impraticable dans les réservoirs à cuve.

per par l'ouverture que l'on voudra qu'ait le robinet en question doit être assurément bien petite
pour pouvoir offrir de l'avantage ; car, à Paris surtout, l'eau se paie assez chèrement pour ne pas laisser que de produire au bout de l'année une somme
assez considérable.

Réservoir pour la reproduction des sangsues.

Fig. 15e. C'est le réservoir auquel M. Dessaux a
donné le nom de *marais artificiel* ; et quoique ce
pharmacien n'ait pas le premier eu l'idée de construire cette sorte de marais, nous devons applaudir
aux modifications qu'il a apportées dans la construction de cet appareil.

Les premiers réservoirs de ce genre que l'on a
faits étaient de simples cuves au milieu desquelles
étaient placés des paniers d'osier pleins de terre
de marais et de tourbe ; ceux-ci différaient de ceux
de M. Dessaux en ce que, dans ces derniers, la
terre de marais occupe la place de l'eau dans les premiers, et *vice versâ*. Les marais de M. Dessaux, à
la vérité, ne peuvent se vider aussi facilement que
les autres, et de plus, l'on ne peut en enlever à la
fois et promptement la terre que l'on y a déposée,
ce que l'on peut facilement faire en enlevant des
autres espèces de marais le panier d'osier qui contient la terre et la tourbe.

En revanche de ces inconvéniens, les marais de
M. Dessaux ont l'avantage de ne présenter aux sangsues aucune surface lisse où elles s'attachent fort

souvent au détriment de leurs dents qu'elles essaient de faire agir sur ce corps ; et à cette occasion nous devons dire qu'il serait bien avantageux d'avoir des réservoirs de ce genre pour la simple conservation des sangsues.

Ce marais artificiel est formé des pièces suivantes:

A A A A. Caisse de chêne oblongue.

B B. Panier en osier oblong comme la caisse. Ce panier est beaucoup plus petit que la caisse; les osiers dont il est formé ne doivent pas être trop rapprochés les uns des autres pour permettre aux sangsues de passer entre eux ; ils ne doivent pas non plus être trop éloignés, car alors la terre qu'ils servent à retenir contre les parois de la caisse passerait à travers le panier.

C C C C. Espaces qui doivent être remplis de terre de marais.

D. Robinet pour l'écoulement des eaux ; il est surmonté intérieurement d'un tube qui traverse la couche de terre d'une des parois de la caisse. Ce tube se termine par un entonnoir très-large, dont l'orifice est garni d'une toile métallique pour que les sangsues ne pénètrent pas dans le robinet. Cet entonnoir doit être disposé de manière que sa surface externe soit entièrement cachée par la terre sans que celle-ci puisse obstruer les mailles de la toile si elle venait à se détacher par petites portions.

E E. Espace qui doit être rempli d'eau, où l'on met les sangsues : il est bon de n'emplir cet espace qu'aux deux tiers de sa hauteur.

F F. Couvercle de la caisse ; il est garni d'une toile métallique pour les raisons que nous avons indiquées en parlant de l'influence de la réunion des trois rayons qui composent la lumière sur les sangsues.

C'est dans un réservoir semblable que M. Dessaux a observé la plupart des phénomènes dont la description compose le Mémoire lu à l'Académie. De pareilles considérations doivent engager les pharmaciens à faire les mêmes expériences, pour leur intérêt propre autant que pour celui de la Médecine. Des sangsues ainsi obtenues seraient assurément une arme chirurgicale sur l'action immédiate de laquelle on pourrait compter. L'on sait trop les désagrémens que l'on éprouve fort souvent en se servant des sangsues du commerce, qui sont, pour la plupart, prises avec de la chair et déjà gorgées de sang, ou blessées par le voyage durant lequel elles ont été agitées.

D'après le nombre de sangsues que l'on a constamment trouvées dans les cocons, l'on peut établir un compte approximatif de gain réel : ici nous supposons que, l'un dans l'autre, les cocons fournissent chacun cinq sangsues (1) ; ainsi cinq mille sangsues, approvisionnement moyen d'une officine ordinaire, produiraient chaque année, en attribuant un cocon à chaque sangsue, vingt-cinq mille de ces animaux.

Les sangsues gorgées de sang ne pourraient-elles

____

(1) A cause du nombre de cocons qui avortent.

pas encore reproduire ? M. Rayer s'est déjà fait cette question, et l'on ne manquera pas assurément de faire les expériences propres pour s'en assurer. La réussite de ces expériences présenterait un bien grand bénéfice au Gouvernement. L'on sait que les sangsues s'emploient aujourd'hui en nombre très-considérable dans les hôpitaux ; l'on connaît le prix élevé de ces vers, qui, en décembre 1824, valaient, au taux du commerce, cent cinquante francs le mille ; et d'après cela l'on peut établir approximativement une échelle de dépense en consultant les journaux de fournitures de quelques hôpitaux et hospices de la capitale.

M. Rayer a inséré, dans les *Archives générales de Médecine*, *février* 1825, un projet dans lequel il propose d'établir dans les grands hôpitaux des marais artificiels. Nous sonhaitons ardemment de voir se réaliser le projet de M. le docteur Rayer dans la cause du bien général, et nous faisons des vœux pour que l'exécution de ce projet prenne plus d'extension ; nous ne voyons rien qui puisse s'y opposer; nous avons des preuves assez certaines du mode de reproduction des sangsues et des bénéfices réels que la propagation de ces animaux peut présenter ; et, d'une autre part, nous ne devons pas nous effrayer du prix que doit coûter une caisse ou marais artificiel qui suffirait à chaque pharmacie ; l'on peut en établir très-économiquement soi-même en se servant de grandes cuves ordinaires au lieu de caisses de chêne. L'on aurait alors dans un lieu convenable un petit réservoir particulier destiné aux sangsues que l'on débite, pour ne troubler aucunement celles du réservoir pour la reproduction. Il n'y a donc que le préjugé, compagnon inséparable de ce qui est nouveau, qui puisse combattre ce projet en même temps philanthropique et scientifique.

L'on peut apporter plusieurs modifications encore à ces marais artificiels, comme aux différens réservoirs dont nous avons donné la description ; mais avant de terminer nous devons faire observer que l'on ne doit point employer de maçonnerie pour ces réservoirs, comme l'ont déjà fait certaines personnes, qui, sans se rendre compte de l'action réciproque de l'eau, des sels calcaires et des oxides métalliques qui forment les mortiers ordinaires, ont fait construire ainsi dans un trou fait en terre des bassins ou réservoirs.

Pour terminer, nous croyons nécessaire de donner la description d'un réservoir propre à l'exportation à l'étranger des sangsues. Déjà l'on a vu à quels inconvéniens l'on doit parer ; il nous reste à donner, sinon des moyens exclusifs d'y parvenir, au moins ceux qui paraissent les plus convenables.

Pour les embarquemens, ce sont les tonneaux qu'on doit choisir de préférence : on pratique au bas de ceux-ci des trous pour pouvoir y placer un robinet en bois simplement. Le fond du dessus est percé d'un trou circulaire de cinq ou six pouces de diamètre.

L'on introduit dans ce tonneau d'abord une couche de mousse que l'on a eu soin de bien laver afin de la débarrasser des insectes qu'elle contient et qui peuvent se putréfier ; parmi celle-ci , l'on mélange du charbon de bois concassé : les sangsues se déposent sur cette couche; elles sont ensuite couvertes avec de la mousse et du charbon , sur lesquels on met encore des sangsues , ainsi de suite , en stratifiant jusqu'à ce que le tonneau soit plein un peu plus qu'aux trois quarts de sa hauteur : l'on verse alors de l'eau dans le tonneau à-peu-près jusqu'à l'ouverture pratiquée à sa paroi supérieure ; l'on applique sur cette ouverture une pièce de toile métallique.

L'on conserve dans d'autres tonneaux, qui doivent être charbonnés , ou dans lesquels on a mis du charbon , de l'eau destinée au renouvellement de celle des sangsues contenues dans le tonneau-réservoir. L'on conçoit que si le voyage était long il faudrait une quantité d'eau bien grande , bien qu'il ne soit pas nécessaire de renouveler entièrement chaque fois l'eau qui sert aux sangsues.

Rien , je pense , ne peut s'opposer à la perte des sangsues dans les climats chauds : cependant si l'on ne devait conserver ces animaux qu'en petit nombre, l'on pourrait entourer les bocaux dans lesquels ils seraient d'un mélange frigorifique; ce qui ne laisserait point que d'être très-coûteux.

TABLE DES MATIÈRES.

ERRATA.

Page 5, ligne 5, Cet annelide ; *lisez*, ces annelides.

— 33, — 6, *après ces mots*, de la vie ; *ajoutez*, de ce ver.

— 35, — 11, développé ; *lisez*, développée.

  ibid. — 21, l'existence ; *lisez*, la sensibilité.

— 36, — 1, du goût ; *lisez*, de la gustation.

— 48, — 3, je notai ; *lisez*, j'en ôtai.

  ibid. — 18, elles ; *lisez*, les sangsues.

— 49, — 7, de l'organe du goût ; *lisez*, de l'absence de la membrane gustative.

— 50, — 2, sucés ; *lisez*, sucées.

  ibid. — 18, organes de l'odorat ; *lisez*, siége sensorial d'olfaction.

— 51, — 20, de physique ; *ajoutez*, bien reconnu.

— 53, — 2, altérées ; *lisez*, oblitérées.

  ibid. — 11, d'une ; *lisez*, de la.

— 55, — 2, les en avoir ; *lisez*, après qu'on les en eut.

  ibid. — 5, est-il ; *lisez*, il n'est pas.

  ibid. — 8, lumineux ; *lisez*, calorifiques.

  ibid. — 9, calorifiques ; *ajoutez*, et chimiques.

— 56, — 24, atmosphère ; *ajoutez*, qui avertit la chauve-souris.

— 61, — 8, ou s'ils se ; *lisez*, s'ils se.

— 63, — 14, évacuatiou ; *liesz*, évaluation.

— 67, — 10, les petits trous ; *lisez*, de petits trous.

— 69, — 11, il en a vu ; *lisez*, il a vu ces ovules.

— 70, — 9, il nous est ; *lisez*, et il nous est.

— 84, — 17, peuvent ; *lisez*, doivent.

— 87, — 6, oblitérer ; *lisez*, altérer.

— 92, — 6, mise en contact ; *lisez*, et mise en contact.

— 97, — 4, supposées ; *lisez*, que l'on suppose.

— 100, — 15, d'y mêler ; *lisez*, à y mêler.

— 105, — 14, plaie, *ajoutez*, ou deux.

— 106, — 13, *hirudo* ; ajoutez *officinalis*.

— 110, — 10, M. Rayer a ; *lisez*, on a.

— 112, — 19, quelquefois ; *lisez*, souvent.

— 118, — 5, muscles ; *ajoutez*, circulaires et longitudinaux.

— 124, — 22, et laissaient ; *lisez*, laissant.

— 125, — 17, souplesse ; *lisez*, tendreté.

— 126, — 19, dissolution ; *lisez*, solution aqueuse.

P. 131, lig.   1, même ; *lisez*, égal.
ibid. — 25, les vers ; *lisez*, ces vers.
— 131, — 10, sans augmenter ; *lisez*, sans en augmenter.
— 132, — 23, acide sulfureux ; *ajoutez*, qui se forme par cette
                combustion.
— 137, — 14, d'amadou ; *lisez*, d'agaric.
— 140, — 17, des liquides ; *ajoutez*, et des instrumens.
— 141, — *ligne dernière*, et impropre ; *lisez*, mais impropre.
— 143, — 26, *pharmacopeia* ; lisez, *pharmacopœia.*
— 144, — 27, du monde ; *ajoutez*, les plus.

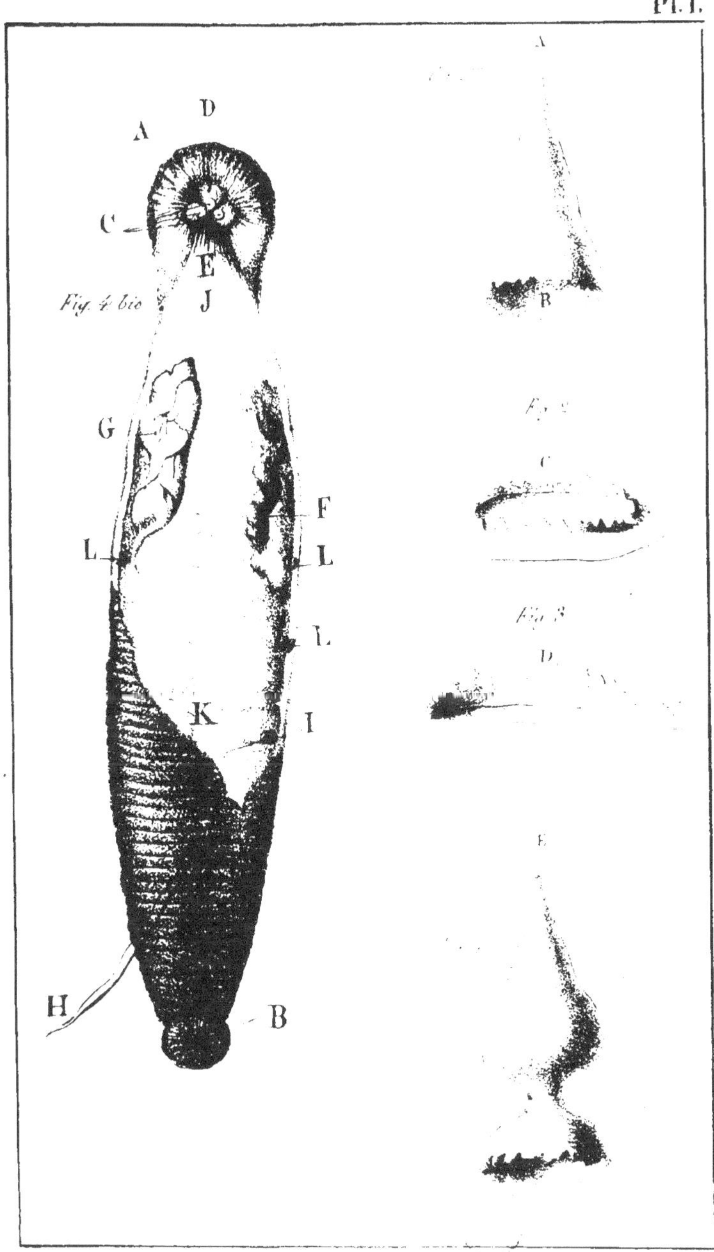
A
D
C
E
J
Fig. 4 bis
G
F
L
L
L
K
I
H
B
A
B
Fig. 2
C
Fig. 3
D
E

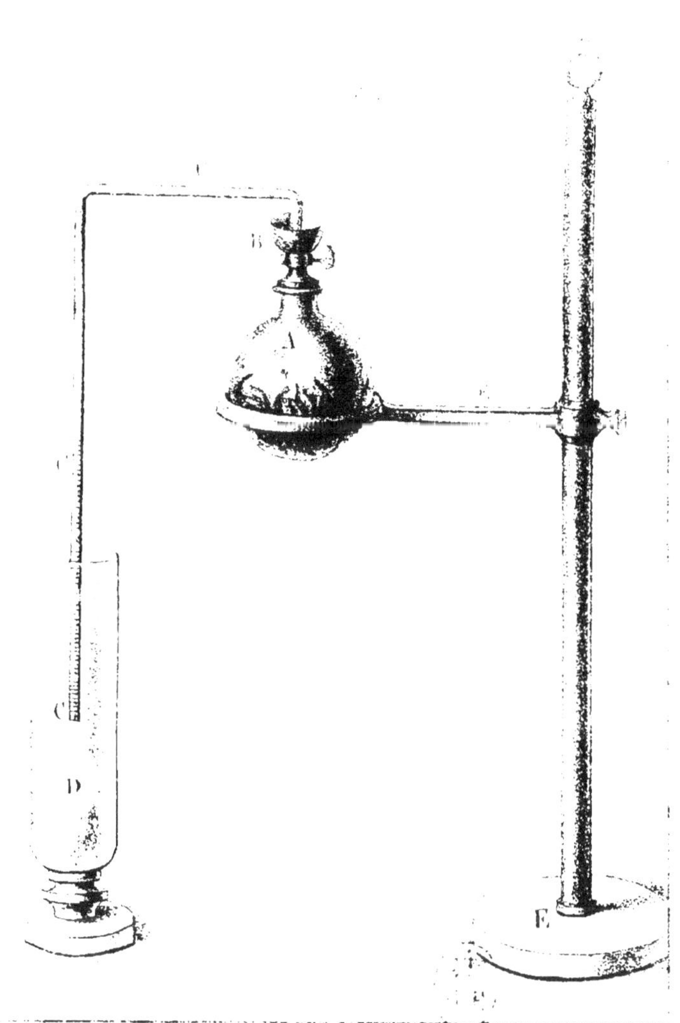
B
A
C
D
E

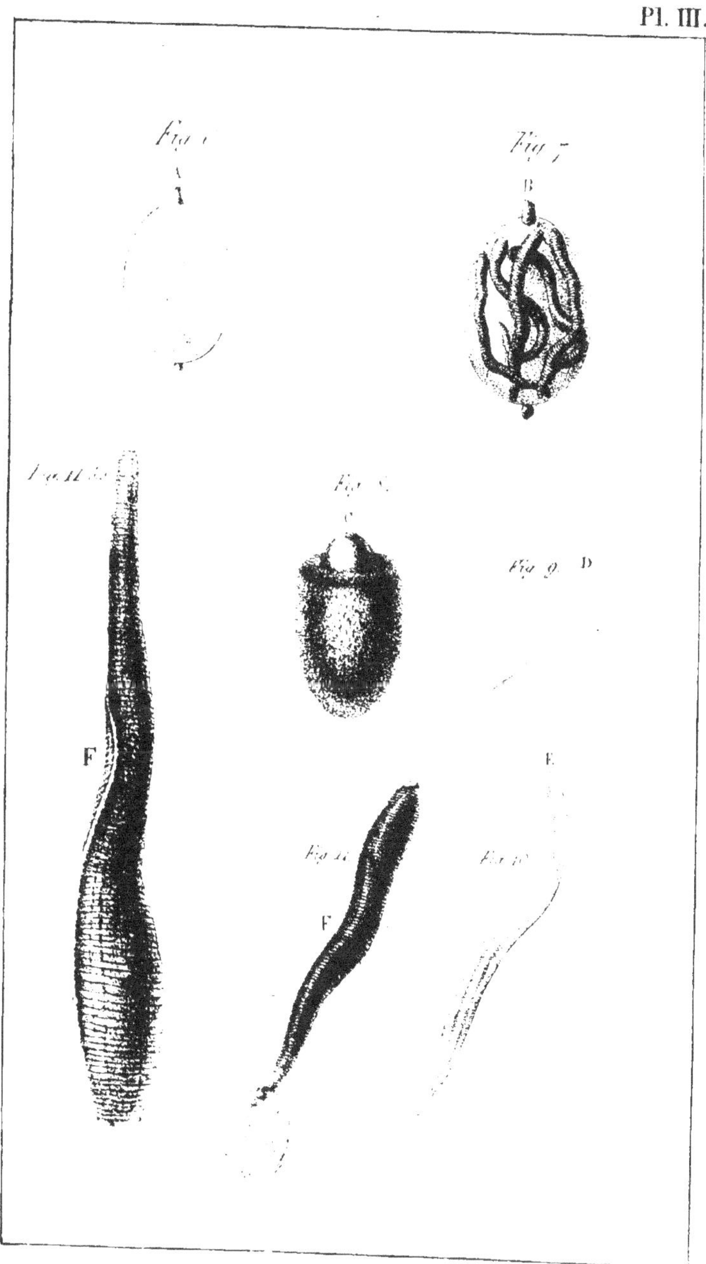
Fig. 6
A
Fig. 7
B
Fig. 10
Fig. 8
C
Fig. 9   D
F
E
Fig. 11
F
Fig. 12

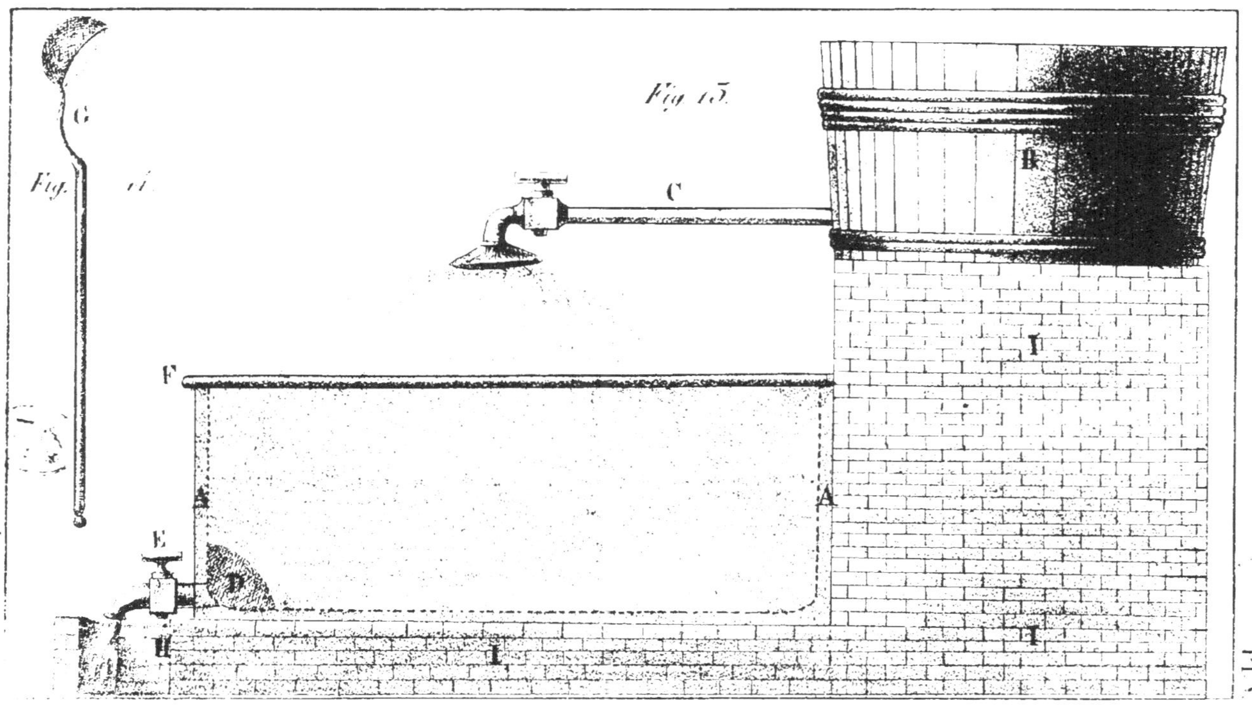

Fig. 13.
Fig. 14.
G
C
D
F
A
E
H
I
PL.

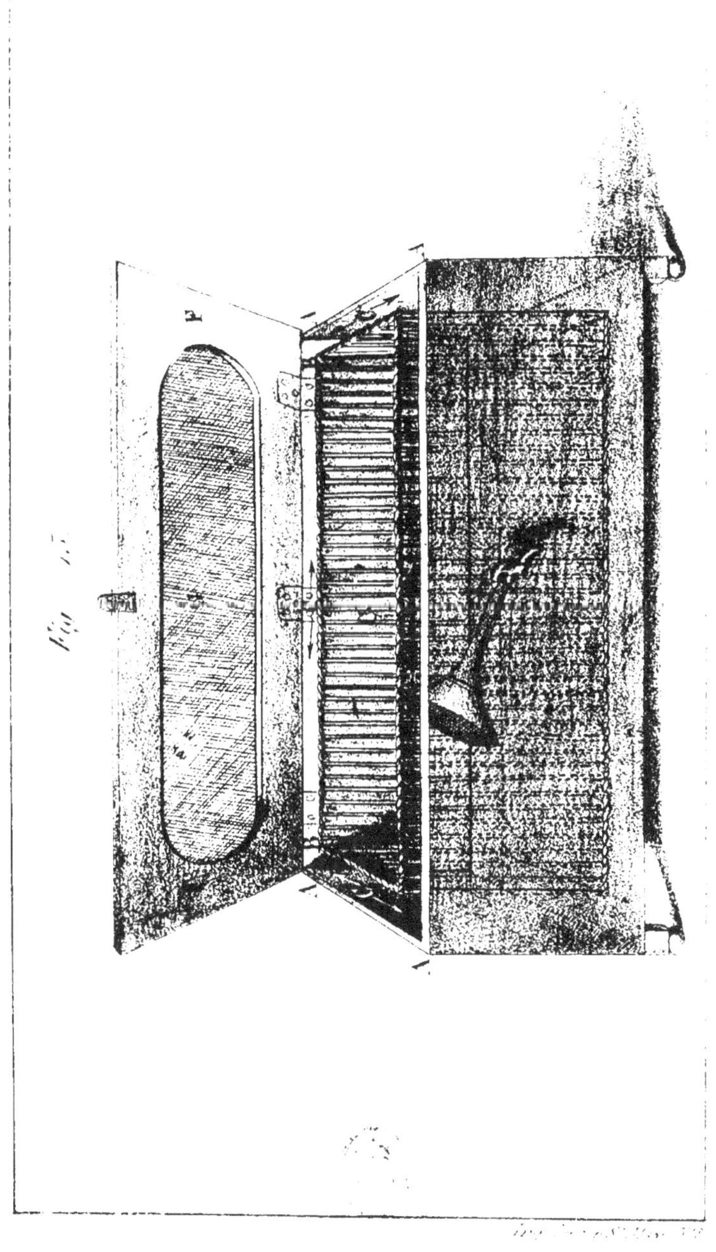